快速实时

信息过滤算法研究

范洪博　著

电子科技大学出版社
UESTCP

图书在版编目（CIP）数据

快速实时信息过滤算法研究 / 范洪博著. 一成都：
电子科技大学出版社，2017.4
ISBN 978-7-5647-4342-0

Ⅰ. ①快… Ⅱ. ①范… Ⅲ. ①计算机算法—过滤算法
Ⅳ. ① TP301.6

中国版本图书馆 CIP 数据核字（2017）第 088193 号

快速实时信息过滤算法研究

范洪博　著

出　　版：电子科技大学出版社（成都市一环路东一段 159 号电子信息产业大厦 邮编：610051）
策划编辑：罗　雅
责任编辑：唐祖琴
主　　页：www.uestcp.com.cn
电子邮箱：uestcp@uestcp.com.cn
发　　行：新华书店经销
印　　刷：成都市火炬印务有限公司
成品尺寸：185mm×260mm　　**印张** 7.25　　**字数** 186 千字
版　　次：2017 年 4 月第 1 版
印　　次：2017 年 4 月第 1 次印刷
书　　号：ISBN 978-7-5647-4342-0
定　　价：28.00 元

◆ 本社发行部电话：028-83202463；本社邮购电话：028-83201495。
◆ 本书如有缺页、破损、装订错误，请寄回印刷厂调换。

前　言

字符串匹配问题是在给定符号序列(称为文本)中按照一定的匹配条件,搜索给定符号序列或给定符号序列集合中元素(称为模式)出现位置的搜索问题。该问题是计算机科学的基础问题之一,被广泛的应用于各种涉及文字和符号处理的领域中,是网络安全、信息检索、计算生物学、CPS 时间序列分析与时序安全等重要领域的关键问题。随着这些领域的高速发展,现有串匹配算法已经无法满足应用对匹配性能的需要,急需性能更高的串匹配算法出现。本书对串匹配领域中的精确单模式匹配和精确多模式匹配子领域进行研究。通过对现有算法进行改进,提出了具有更高性能的串匹配算法。

本书研究内容如下。

在精确单模式匹配领域,本书对 *Q* – Hash、EBOM、TVSBS 算法进行了改进,先后提出了 S*Q* – Hash、T*Q* – Hash、SEBOM、BOM*q*、BOM*q*'、SufOM*q*、Suf_SEBOM、TVSBS*q*、TVSBS*q*A、F*Q* – Hash 共十个(系列)算法。实验表明在精确单模式匹配领域,64.3% 的匹配条件下,本文所提出的算法性能高于已知算法。在精确多模式匹配领域,本文对 AAC、Set BOM 算法进行改进,先后提出了 AACS、AACF、Set EBOM、Set SEBOM、Set BOM*q*、Set SufOM*q* 共六个(系列)算法。本书所述算法在多数条件下,性能高于经典算法。

在时间复杂度分析领域,本书对 *Q* – Hash 系列算法进行分析,证明 *Q* – Hash 系列算法能达到精确单模式串匹配算法平均时间复杂度的下界,并基于此结论,本书证明了 Wu – Manber 算法在选择合适的 Hash 函数时,能达到多模式匹配平均时间复杂度的下界。

本书还提出了与 AAC 自动机一致的 Set DFA 自动机,该自动机构建时,时间复杂度和 AAC 一致,但无须借助失败函数,简单易懂,操作更少,而且可以方便的人工实现,Set DFA 自动机的构建时间只有 AAC 自动机构建时间的 50% 左右。

本书由昆明理工大学范洪博撰写,同时昆明理工大学张晶教授、大连理工大学姚念民教授参与部分编撰、校对等工作。

本书是以本人博士期间研究成果为基础以及在昆明理工学继续深入开展该领域研究获得的阶段性成果,在撰写本书的过程中,本人参阅和引用了国内外诸多学者的研究成果,对此表示感谢。同时,书稿的完成依托于国家自然科学基金项目(61562051),云南省应用基础研究计划重点项目(2014FA029)基金项目。对于本书中的疏漏或不当之处,敬请各位专家和广大读者给予批评指正。

范洪博

2016 年 12 月

目　录

第1章 绪 论

字符串匹配问题是在给定符号序列(称为文本)中按照一定的匹配条件,搜索给定符号序列或给定符号序列集合中元素(称为模式)出现位置的搜索问题。该问题是计算机科学的基础问题之一,被广泛地应用于各种涉及文字和符号处理的领域中。目前字符串匹配已是各种应用软件不可或缺的一个基本组件。特别是在网络安全与内容安全、计算生物学、信息检索与过滤、数据库、中文分词、OCR 识别、数据压缩等重要领域中,字符串匹配已成为这些领域中的关键问题。因字符串匹配对性能的要求非常高,现有字符串匹配算法优化程度较高,优秀的字符串匹配算法已经成为其他领域的编程范本。而且字符串匹配在计算机科学中也扮演着重要的角色,大量成绩卓著的计算机科学理论成果都以串匹配相关研究成果为基础[1]。

目前,伴随着海量信息搜索、网络安全形势不断恶化、计算生物学高速发展等问题,串匹配应用对字符串匹配的性能的需求急剧增加,现有算法已经无法满足应用对性能的需求。寻找更快更高效的串匹配算法已经成为未来若干年计算机科学领域的重要挑战。

1.1 研究背景

现列举几个重要领域中对高性能串匹配算法的急切需求。

1.1.1 信息搜索

目前,数字信息总量已是一个天文数字。IDC 公布,2010 年全球数字信息总量为 1.2ZB ($1\text{ZB} = 2^{30}\text{TB}$),若这些信息以 DVD 光盘进行记录,总光盘排列起来,其总长度相当于地球与月球之间的往返距离,若这些由纸质文档打印,可覆盖整个美国国土 0.9144 米高。并且数字信息总量仍然在以每年 60% 的速度增长中,到 2020 年,全球数字信息总量将达 35ZB,约为现有数据的 30 倍。随着云计算技术兴起,越来越多的数据集中存储于有限的大型数据中心中,预计 2020 年,全球总信息的三分之一将存储于云端。在数据中心如此海量的信息中进行实时搜索已成为云计算技术最大的挑战之一。

1.1.2 网络安全

目前网络攻击呈爆炸方式增长。以网络攻击中的计算机病毒攻击为例,2010 年,由卡巴斯基安全网络(KSN)2008 年、2009 年、2010 年检测到的计算机病毒攻击总数分别为 0.3 亿次、1.34亿次、19亿次，病毒攻击次数目前正在加速增长，目前年增长超过1400%[2]。国内安全公司奇虎也宣称，360系列产品2010年上半年共截获各类新增木马、病毒、恶意软件样本1.01亿个，平均每天新增55.5万个，同比增长了3.5倍，平均每天约有263万国内网民电脑感染木马、病毒和恶意软件。目前，国内网络攻击已进入产业化发展阶段，年灰色经济利益超过30亿元人民币[3]。

根据美国ISS公司提出的动态网络安全体系模型P^2DR，一个系统网络安全的程度可以由网络攻击暴露时间来进行衡量。其中网络攻击暴露时间=检测时间+响应时间-攻击时间，若网络攻击暴露时间<0，则可认为系统是安全的。响应动作因与具体的攻击直接相关，从而响应时间无法直接降低。同时，现有攻击大多集中于对系统的未知安全漏洞的攻击，由于没有有效的安全防护措施，大多数网络攻击的攻击时间都很短。因此，在无法保证系统无安全漏洞的情况下，提高检测速度成为目前提高系统网络安全程度唯一可行的改进方向。

网络安全产品按判定攻击的机制可分为异常检测和误用检测两类。异常检测事先建立系统正常模型，检测时通过分析系统日志检查系统与正常模型的偏差以判定是否发生攻击。误用检测事先对已知入侵行为模式进行编码，建立入侵模式库，然后对待审计数据进行过滤，通过判断数据中是否包含库中模式来检测攻击。

异常检测不受已知知识的限制，可以抵御未知攻击，但目前异常检测并不实用，其主要原因如下。

1. 由于系统是在不断更新的，其正常模型也需要不断地修正和重建。因系统正常模型的建立通常需要较长时间的训练，在正常模型的修正和重建过程中，网络攻击可能伪装为系统正常模式而躲过检测。

2. 系统行为发生改变时攻击可能已发生，此时用户数据已经受到威胁。

3. 由于用户行为的不确定性，异常检测的误报率和漏报率居高不下。

由于异常检测的种种不足，目前实用网络安全产品大多数只采用误用检测或者同时使用异常检测和误用检测进行检测。误用检测有专家系统、模型推理、信息反馈和攻击库模式匹配等方式。这些方法也各有其不足，专家系统受限于专家的知识、模型推理的模型翻译难度较大、信息反馈无法做到实时检测。

因此，目前绝大多数网络安全产品均基于攻击库对网络数据进行多模式匹配方式进行处理。在此类网络安全产品中，串匹配的性能直接决定了系统的检测时间，进而成为决定系统安全能力的关键问题。如文献[4]中指出，在开源入侵检测系统snort[5]中，字符串匹配已占据整个软件70%以上的处理器时间。为保证所有的网络数据都经过网络安全产品的多模式匹配检查，必须保证多模式匹配的速率要高于网络带宽，否则，将造成网络失去保护或者数据包大量丢失。

近年来，主干网络速度目前以每6个月翻一番的速度增长中，主干网络速度的增长速度远高于计算机硬件性能的每十八至二十四个月翻一番的增长速度。2010年全国互联网国际出口带宽达到1098957Mbps，同比增长26.8%。目前，桌面千兆、骨干万兆已经普及。根据*Nature Phonetics*杂志报道，德国卡尔斯鲁厄理工学院目前已实现在一根光纤上实现26TB/s的数据传输，相当于每秒传输700张DVD的数据[6]。

然而多模式匹配的速率增长远低于网络带宽的增长速度。目前在通用处理器上的大规模经典多模式匹配(如AC、SBOM)的速度尚低于1Gbps。为达到万兆级别网络安全,现在只能采用基于网络处理器NPU、ASIC和FPGA等专用部件,通过大规模并行来实现万兆级别网络安全设备。这些设备需要专门开发,软硬件成本非常高昂。根据2011年5月ZOL报价(人民币),目前华为-3Com公司的万兆防火墙H3C SecPath F5000-A5报价为121.86万元,报价最低的山石网科公司的Hillstone SA-5180万兆防火墙,其报价也为120万元,而相对应的其他万兆网络设备价格已经非常低廉,如H3C S5800-56C万兆交换机的报价为5100元,中兴ZXR10 6902万兆路由的报价为2.55万元。万兆防火墙过于高昂的价格使众多中小型网络不得不使用多个匹配速率较低、价格比较低廉的千兆防火墙组成分布式网络安全系统,但这样增加了管理工作量,造成总运营成本(TCO)的居高不下,并因多级配置的混乱,造成安全能力的下降。若能在通用处理器上实现万兆或接近万兆的多模式匹配性能,将有极高的经济效益。

同时,字符串匹配也是高速防水墙、UTM、恶意信息过滤等重要应用中的核心问题。目前国内对此类研究非常重视,如长城防火墙(GFW)项目,国家一次投资接近5亿元。

1.1.3 计算生物学

基因是生命的终极密码。测序、比对、搜索是基因研究的基础,是计算生物学和生物信息学的重要组成部分。随着生物芯片技术、第三代测序技术的出现,基因测序技术高速发展,目前已经进入了个人基因组应用的时代。个人基因测序可实现对个人进行诸如癌症、老年痴呆、精神分裂症等疾病的预测,更可以通过找出存在问题的基因,结合基因靶向技术,实现对个人基因的改造,彻底防止这些疾病的发生。若刑侦机构能拥有个人基因库,则可通过对遗留在犯罪现场的体液、毛发、组织碎屑等进行基因测序,迅速发现犯罪嫌疑人。

目前个人基因测序成本在1000美元左右。Bio Nanomatrix公司与Complete Genomics公司目前在合作开发低价高速测序技术,可数小时内完成个人基因测序,成本仅为50英镑。美国哈佛医学院个人基因组项目负责人Jenson Bob称至2015年将会有5000万人拥有个人基因图谱。

人类基因组大小约为2.91Gbp,超过生物芯片处理的能力。现有基因测序广泛采用鸟枪法(又称霰弹法,shotgun),把较大的基因打碎为基因片段,测序完成后,通过串匹配方法实现拼接。目前拼接耗时已接近测序总耗时的一半,并且拼接耗时在总耗时中的比例仍在不断上升。提升字符串匹配性能,将直接提高测序速度,降低测序成本。同时得到基因组后的处理中也广泛应用串匹配技术。

1.1.4 CPS时间序列分析

在信息物理融合系统CPS时序建模与表示领域中,为保证服务的时序安全,需要对海量传感器等CPS部件的工作时序情况进行分析,分析过程为对CPS部件的时序可达图上的时序特征码的多模式匹配实时过滤。CPS时序可达图具有以下特点。

a. 时序状态快速动态变化,对匹配的实时性要求较高。

b. 随着业务变动,各设备之间的时序表示关系快速变动,在时序表示关系变动后,变动前的匹配模式发生变化，这对多模式匹配结构的快速构建能力有较强的要求。

c. CPS 设备时序状态多为｛时序安全，时序非安全｝，｛正常，异常｝等二值文本，且设备时序状态快速动态变化，这对字符集大小为 2 的时序特征码的多模式匹配的实时性要求极高。受限于算法平均时间复杂度下界，在这种极小字符集上的多模式匹配算法性能受时间复杂度下界影响尤为严重，现有多模式匹配算法性能低下。

d. CPS 设备为多计算能力和存储容量较低，传统串匹配需要的大空间不适合这种应用模式。

现有多模式匹配算法性能低下，难以满足大量传感器的时序安全监控工作，急需高性能的多模式串匹配算法相关研究。

1.2 主要工作与创新点

本书对串匹配领域里应用最为广泛的精确单模式匹配和精确多模式匹配进行研究，通过改进现有算法，提出了具有更高性能的串匹配算法。

在精确单模式匹配领域，本书提出了 SQ - Hash、TQ - Hash、SEBOM、BOMq、BOMq'、SufOMq、Suf_SEBOM、TVSBSq、TVSBSqA、FQ - Hash，共十个（系列）算法。

在精确多模式匹配领域，本书提出了 AACS、AACF、Set EBOM、Set SEBOM、Set BOMq、Set SufOMq 共六个（系列）算法。

在算法时间复杂度分析领域，本书分析了 Q - Hash 系列算法和 Wu - Manber 系列算法的时间复杂度。并提出了研究后缀匹配类算法时的一种通用工具——图例法，并提出一种 AAC 自动机的另一种构造方法，该构造方法相对于原算法能节省 50% 左右的构造时间。

本书主要贡献如下。

1. 基于已知二进制匹配速度最快的精确单模式匹配算法——Q - Hash，通过简化操作和深入挖掘 Hash 值中隐藏信息提高了最大跳跃距离，分别提出了 SQ - Hash，TQ - Hash 两个系列算法。所述算法在二进制文本匹配中有较好效果。

2. 分析了 Q - Hash 系列算法的时间复杂度，证明该系列算法的平均时间复杂度能达到精确单模式串匹配算法平均时间复杂度的下界。这是首个被证明有此平均时间复杂度的 Hash 类算法和实用后缀匹配类算法。并基于该分析，证明当目前使用最为广泛的精确多模式串匹配算法——Wu - Manber，在选择和 SQ - Hash 算法一致的 Hash 函数时，Wu - Manber 算法的平均时间复杂度可达到精确多模式串匹配算法平均时间复杂度的下界，而不是目前已知的接近该下界的亚线性时间复杂度。

3. 基于已知在中等字符集、中等模式长度下目前最快精确单模式匹配算法——EBOM，通过简化操作，引入 q - grams 机制，扩大 q - grams 机制中最大跳跃距离，并提出一种利用 Factor Oracle 自动机当前状态编号进行无须跳跃表的类后缀跳跃机制，分别提出了 SEBOM、BOMq、BOMq'、SufOMq、Suf_SEBOM 共五个系列算法。并将 EBOM、SEBOM、BOMq、SufOMq 算法扩展到多模式匹配领域，提出了 Set EBOM、Set SEBOM、Set BOMq、Set SufOMq 四个系列算法。上述算法在中长模式下有较好效果。

4. 基于已知极短字符串匹配中性能最高的 TVSBS 算法，通过引入 q - grams 机制、利用自动机进行窗口内匹配、同时使用窗口内外字符信息进行跳跃等机制，分别提出了 TVSBSq、TVSBSqA、FQ - Hash 三个系列算法。并提出一种在研究后缀匹配类算法时通用的图例法，图例法可达到后缀匹配类算法最大的跳跃距离、简单、直观并可以直接翻译成算法预处理过程，为今后后缀匹配类算法研究提供方便。上述算法在极短模式下有较好效果。

5. 提出了一种和 AAC 自动机同构的 Set DFA 自动机，该自动机的构建时间复杂度和 AAC 自动机一致，但无须借助失败函数，代码简单，操作总数更少，并便于人工实现。基于 AAC 算法，通过移动终结状态位置和伪造指向终结状态的转移目标，两个方法简化了 AAC 算法的操作，提出了 AACS 和 AACF 两个多模式匹配算法。

6. 在各匹配条件下，对所涉及算法和已知算法进行了完整的对比实验，并给出了在各种匹配条件下性能最高的算法。

本书所述算法均在一定的匹配条件下性能高于其基础算法。对于某种串匹配算法，目前没有一种算法能保证在各种匹配条件下性能总是好的，只单纯地从某一个算法进行挖掘，无法得到各匹配条件下均性能较优的算法。为使本研究能适用于更宽泛的领域中，本文在单模式匹配领域从二进制文本，中长模式，极短模式三个角度改进了已有算法，基本涵盖了大部分匹配条件。试验数据显示，精确单模式匹配领域中，在字符集不同，模式长度不同的各种匹配条件下，本书提出的算法在 64.3% 的情况下，性能高于已知算法（截至 2011 年 5 月）。精确多模式匹配领域中，本文提出的算法在多数情况下性能高于经典算法（AC、SBOM、BG），性能提升明显。

1.3　结构与章节安排

本书共六章。其中其结构安排如下。

第 1 章介绍了本领域的研究意义，并对本书中主要创新点和结构进行介绍。

第 2 章给出了本书中必需的概念和定义，并对国内外研究现状进行介绍。

第 3 章改进了 Q - Hash 算法，并分析了 Q - Hash 系列算法的时间复杂度，并基于该研究成果分析了 Wu - Manber 算法的时间复杂度。

第 4 章改进了 EBOM 算法，并将这些改进算法扩展至多模式匹配领域。

第 5 章改进了 TVSBS 算法，并提出了一种研究后缀匹配时通用的图例法。

第 6 章改进了 AAC 算法，提出了和 AAC 自动机一致的 Set DFA 自动机，从而将 AAC 自动机的构建速度提高一倍，同时提出了 AAC 算法的两个改进算法。

附录 A 和附录 B 中，分别对精确单模式匹配领域和精确多模式匹配领域的已知算法和本文所提出的算法进行了对比试验。

由于附录 A 和附录 B 中进行了完整的对比试验，在各章节的试验部分中，本书所提出的算法只和基础算法进行比对。

第2章 字符串匹配算法相关研究工作

2.1 字符串匹配的定义

字符串匹配问题各主要研究领域定义如下[7]。

(1)精确单模式匹配(Exact Single Pattern String Matching):对给定字符集 $\Sigma(|\Sigma| = \sigma)$，$\Sigma^{\square}$为字符集 Σ 的 Kleene 闭包(以下简称为闭包)，给定文本串 $T = t_0t_1...t_{n-1}$和模式串 $P = p_0p_1...p_{m-1}$①，其中 $P, T \in \Sigma^*$，精确单模式匹配问题指求解集合：

$O = \{pos \mid P[j] = T[pos + j], for\ \forall 0 \leqslant j < m, 0 \leqslant pos \leqslant n - m\}$ 的问题。

(2)精确多模式匹配(Exact Multi - pattern String Matching):对给定字符集 $\Sigma(|\Sigma| = \sigma)$，$\Sigma^*$为其闭包，给定文本串 $T = t_0t_1...t_{n-1}$和模式串集合 $P = \{P_0, P_1, ..., P_{r-1}\}$，$\forall P_i = p_0p_1, ..., p_{mi-1}$，($mi$ 表示 P_i 的长度)，其中 $\forall P_i, T \in \Sigma^*$，$i \leqslant r$，精确多模式匹配指求解集合：$O = \{pos \mid \exists i, 0 \leqslant i < r, P_i[j] = T[pos + j], for\ \forall 0 \leqslant j < mi\}$ 的问题，其中 $0 \leqslant pos \leqslant n - mi$。

(3)扩展字符串匹配(Extended String Matching):在精确单模式匹配或精确多模式匹配问题基础上增加扩展字符 ω，ω 可以为如下几种情况。

a. 字符集合：匹配时，当文本对应字符为 ω 对应字符集合中任意字符时，均认为该字符匹配。

b. 限长通配字：匹配时，模式对应位置可以与文本中长度满足受限条件的任意字符串匹配。

c. 可选字符或可重复字符，ω 对应字符可以在文本中出现 k 次，$k \geqslant 0$。

(4)正则表达式匹配(Regular Expression Matching):待匹配模式为正则表达式的精确单模式匹配或精确多模式匹配问题。

(5)近似匹配(Approximate Matching):对给定字符集 $\Sigma(|\Sigma| = \sigma)$，$\Sigma^*$为其闭包，给定文本串 $T = t_0t_1...t_{n-1}$和模式串 $P = p_0p_1...p_{m-1}$(P 为正则表达式)，P、$T \in \Sigma^*$。N 为非负整数集，$k \in N$ 为近似匹配中允许的最大误差，定义距离函数 $d: \Sigma^* \times \Sigma^* \to N$，则近似匹配问题值求解集合对于给定 T、P、k、$d(.)$，求解集合 $O = \{i \mid d(P, T_{i,...,i+m-1}) \leqslant k\}$ 的问题。近似匹配也可以向多模式进行扩展。

(6)其他方向：如压缩文件匹配，多维串匹配等问题，现在已经形成一个复杂的研究领域，称为组合模式匹配。

---

① 本书中大写字符 P 同时也表示概率的意思，请注意区分。

本文只涉及精确单模式匹配和精确多模式匹配，未涉及串匹配的其他领域。

2.2　精确单模式匹配研究现状

精确单模式匹配是字符串匹配各研究领域的基础，得到了最为广泛和深入的研究。其他的研究领域中的算法均由精确单模式匹配算法扩展而来。因此，对精确单模式匹配的研究非常重要。

该文本和模式中，各字符出现相互独立，并且字符集中每个字符出现概率相同的模型为等概率模型。1979 年，姚期智于文献[8]中证明在等概率模型下，精确单模式字符串匹配中，最差、最优、平均时间复杂度下界分别为：$O(n)$、$O(n/m)$、$O(n\log_\sigma m/m)$。这些下界均已经达到。1970 年 MP[9]算法，1977 年 BM[10]算法，1994 年 BDM[11]算法分别是首个达到最差、最优和平均时间复杂度下界的算法。目前已有众多算法同时达到最差、最优和平均时间复杂度下界，如 WW[12]，LNDM[12]，DFDM[13]，TurboBDM[14]等。因通常模式和文本都满足一定的概率分布模型，很难使匹配达到最优或最差情况，最优和最差时间复杂度对算法性能的影响不大。在模式长度足够长的时候，对匹配性能影响最大的是平均时间复杂度。目前，已知高性能精确单模式字符串匹配算法大多都具有或被猜测具有最优的平均时间复杂度。

近年来，本领域中涌现了大量的高性能算法。S. Faro 和 T. Lecroq 于 2010 年发表的综述文章[1]列出了目前已知的采用英文发表的超过 80 个精确单模式串匹配算法，并进行了完整的对比实验。这些算法的简称、全称、对应文献和发表时间见表 2－1、表 2－2 和表 2－3[1]。文献[1]将已知算法按匹配方式不同分为根据字符比较的匹配算法、根据自动机进行匹配的算法和位并行串匹配算法三类。其中基于比较的匹配算法需要维护一个表来记录每个可能读入的字符(串)在模式中位置，并根据读入字符(串)在模式中的位置实现跳跃(如 BM 类算法)或者线性最差时间复杂度(如 KMP 类算法)；基于自动机的算法维护一个能识别模式中所有子串的确定性自动机，根据读入字符串是否是模式的子串进行跳跃(如 BOM 系列算法)；位并行算法通过计算机机器字位运算的内在并行实现模拟非确定性自动机，根据已读入串是否为模式的子串进行跳跃(如 BNDM 系列算法)或线性时间复杂度匹配(如 Shift－Or 系列算法)。

基于比较的主要算法及其主要贡献情况如下(未按时间排序，参考文献如表 2－1 所示)。

BF 算法是最基本的串匹配算法。MP 算法是首个线性匹配算法。KMP 改进了 MP 算法，使得预处理过程同样达到线性，KMP 算法是前缀匹配类算法的基础。BM 是首个后缀匹配算法，使串匹配的平均时间复杂度达到亚线性，是大量后缀匹配类算法的基础。Horspool 算法是 BM 的首个简化算法，指出串匹配里简化操作对性能的影响极大，好的算法应尽可能地简单，Horspool 算法有众多改进算法。TunBM 在 Horspool 基础上引入循环展开技术、越界保护机制和按字频进行比较等机制。QS 算法提出在先比较窗口内是否匹配的条件下，将最大跳跃距离增大 1 字符，但由于较多的内存访问，性能并不高。QS 中窗口内比较的顺序性能并不高，SSABS 算法在 QS 算法基础上给出了窗口内比较的最优顺序。BR 算法提出了 2

个字符的坏字符串规则,这实际是 q - grams 机制的首次引入。在 BR 基础上,BMHq 和 Q - Hash 将坏字符串规则扩展到 q 个字符,其中 Q - Hash 还引入了 Hash 机制,降低坏串跳跃距离表的空间占用,Q - Hash 在二进制文本上性能很高。TVSBS 算法将 SSABS 算法和 BR 算法优点结合,在中等字符集,极短模式下性能很高。FJS 将 Horspool 和 KMP 算法进行结合,在大字符集极短模式下较快。

基于自动机的主要算法及其主要贡献情况如下(未按时间排序,参考文献如表2 - 2所示)。

DFA 是最基础的自动机匹配算法,能达到线性匹配。BDM 算法利用 DAWG 数据结构构造子串自动机,RF 利用后缀树构造自动机,均实现了跳跃,其中 BDM 是首个达到串匹配平均时间复杂度下界的算法。TRF 将 KMP 算法思想和 RF 算法进行结合,在 RF 的基础上线性最差时间复杂度。WW 算法同时结合前缀自动机和后缀自动机,三种时间复杂度同时最优。但这些自动机都非常复杂,这些算法的性能比较低。SBDM 利用模式串的 Burrows - Wheeler transform[80] 简化了 DAWG 自动机。BOM 算法提出 Factor Orale 自动机,Factor Oracle 是目前已知能识别模式所有子串的最简自动机,该算法跳出传统的时空呼唤的思路,通过引入一定的误接收率,同时降低了时空复杂度。EBOM 是 BOM 的 2 - grams 版本,在中等字符集,中等模式长度下,性能很高。

基于位并行的主要算法及其主要贡献情况如下(未按时间排序,参考文献如表2 - 3所示)。

SA/SO 是最基础的位并行算法,实现线性匹配,速度比 KMP 高很多,该算法指出,通过位操作内部并行性,可以在现有计算机上一次操作即可实现 NFA 的全部状态的转移。BNDM 是 BDM 的位并行版本,达到了最优的平均时间复杂度,是现在众多位并行算法的基础。SBDNM 算法是 BNDM 的简化算法。SBNDM2 是 SBNDM 的 2 - grams 版本,并于 SBNDMq 算法扩展到 q - grams。SBNDMq 算法在 DNA 匹配上性能较高。BNDM - BMH 算法是 BNDM 和 Horspool 算法的结合。BDM 是自后向前匹配的,类似的有 FDM 前向自动机,FDM 的位并行版本为 FNDM。UFNDMq 是 FNDM 的 q - grams 版本。WW 算法的位并行版本为 BWW(或称 LNDM),三种时间复杂度均为最优。FAOSO 是 SO 算法的改进算法,在 SO 的基础上实现跳跃和 q - grams,三种时间复杂度均为最优。

上述算法的发展路线图如图 2 - 1、图 2 - 2、图 2 - 3 所示。

图 2 - 4 中给出了各算法提出时间分布情况[1]。可以明显看出,近 10 年内,字符串匹配领域的研究有明显的升温,这与目前对高性能字符串匹配的强劲需求吻合。在所有算法中,基于比较的算法占了半数左右,而在最近的研究中,位并行算法的研究比较热门。

文献[1]在如下平台下测试了上述所有的算法。

计算机平台为 Intel Core2 平台,1. 6GHz,GNU C 编译器编译,优化参数为 - O2 - fno - guess - branch - probability(中等优化,关闭动态分支预测)。计时采用 RDTSC[15] 指令,计时精度 ±30CPU 时钟,为 ±20ns。

表 2-1　基于比较的精确单模式串匹配算法

BF	Brute - Force	[16]	
MP	Morris - Pratt	[9]	1970
KMP	Knuth - Morris - Pratt	[17]	1977
BM	Boyer - Moore	[10]	1977
HOR	Horspool	[18]	1980
GS	Galil - Seiferas	[19]	1983
AG	Apostolico - Giancarlo	[20]	1986
KR	Karp - Rabin	[21]	1987
ZT	Zhu - Takaoka	[22]	1987
OM	Optimal - Mismatch	[23]	1990
MS	Maximal - Shift	[23]	1990
QS	Quick - Search	[23]	1990
AC	Apostolico - Crochemore	[24]	1991
TW	Two - Way	[25]	1991
TunBM	Tuned - Boyer - Moore	[26]	1991
COL	Colussi	[27]	1991
SMITH	Smith	[28]	1991
GG	Galil - Giancarlo	[29]	1992
RAITA	Raita	[30]	1992
SMOA	String - Matching on Ordered Alphabet	[31]	1992
NSN	Not - So - Naive	[32]	1993
TBM	Turbo - Boyer - Moore	[33]	1994
RCOL	Reverse - Colussi	[34]	1994
SKIP	Skip - Search	[35]	1998
ASKIP	Alpha - Skip - Search	[35]	1998
KMPS	KMP - Skip - Search	[35]	1998
BR	Berry - Ravindran	[36]	1999
AKC	Ahmed - Kaykobad - Chowdhury	[37]	2003
FS	Fast - Search	[38]	2003
FFS	Forward - Fast - Search	[39]	2004
BFS	Backward - Fast - Search, Fast - Boyer - Moore	[39]	2004
TS	Tailed - Substring	[40]	2004
SSABS	Sheik - Sumit - Anindya - Balakrishnan - Sekar	[41]	2004
TVSBS	Thathoo - Virmani - Sai - Balakrishnan - Sekar	[42]	2006
PBMH	Boyer - Moore - Horspool using Probabilities	[43]	2006
FJS	Franek - Jennings - Smyth	[44]	2007
2BLOCK	2 - Block Boyer - Moore	[45]	2007
HASHq	Wu - Manber for Single Pattern Matching	[46]	2007
TSW	Two - Sliding - Window	[47]	2008
BMHq	Boyer - Moore - Horspool with q - grams	[48]	2008
GRASPm	Genomic Rapid Algorithm for String Pm	[49]	2009
SSEF	SSEF	[50]	2009

表 2－2　基于自动机的精确单模式串匹配算法

DFA	Deterministic – Finite – Automaton	[16]	
RF	Reverse – Factor	[51]	1992
SIM	Simon	[52]	1993
TRF	Turbo – Reverse – Factor	[33]	1994
FDM	Forward – DAWG – Matching	[53]	1994
BDM	Backward – DAWG – Matching	[53]	1994
BOM	Backward – Oracle – Matching	[54]	1999
DFDM	Double Forward DAWG Matching	[55]	2000
WW	Wide Window	[12]	2005
LDM	Linear DAWG Matching	[12]	2005
ILDM1	Improved Linear DAWG Matching	[56]	2006
ILDM2	Improved Linear DAWG Matching 2	[56]	2006
EBOM	Extended Backward Oracle Matching	[57]	2009
FBOM	Forward Backward Oracle Matching	[57]	2009
SBDM	Succint Backward DAWG Matching	[58]	2009

表 2－3　基于位并行的精确单模式串匹配算法

SO	Shift – Or	[59]	1992
SA	Shift – And	[59]	1992
BNDM	Backward – Nondeterministic – DAWG – Matching	[60]	1998
BNDM – L	BNDM for Long patterns	[61]	2000
SBNDM	Simplified BNDM	[62]	2003
TNDM	Two – Way Nondeterministic DAWG Matching	[62]	2003
LBNDM	Long patterns BNDM	[62]	2003
SVM	Shift Vector Matching	[62]	2003
BNDM2	BNDM with loop – unrolling	[63]	2005
SBNDM2	Simplified BNDM with loop – unrolling	[63]	2005
BNDM – BMH	BNDM with Horspool Shift	[63]	2005
BMH – BNDM	Horspool with BNDM test	[63]	2005
FNDM	Forward Nondeterministic DAWG Matching	[63]	2005
BWW	Bit parallel Wide Window	[12]	2005
FAOSO	Fast Average Optimal Shift – Or	[64]	2005
AOSO	Average Optimal Shift – Or	[64]	2005
BLIM	Bit – Parallel Length Invariant Matcher	[65]	2008
FSBNDM	Forward SBNDM	[57]	2009
BNDMq	BNDM with q – grams	[66]	2009
SBNDMq	Simplified BNDM with q – grams	[66]	2009
UFNDMq	Shift – Or with q – grams	[66]	2009
SABP	Small Alphabet Bit – Parallel	[67]	2009
BP2WW	Bit – Parallel2 Wide – Window	[68]	2010
BPWW2	Bit – Parallel Wide – Window2	[68]	2010
KBNDM	Factorized BNDM	[69]	2010
KSA	Factorized Shift – And	[69]	2010

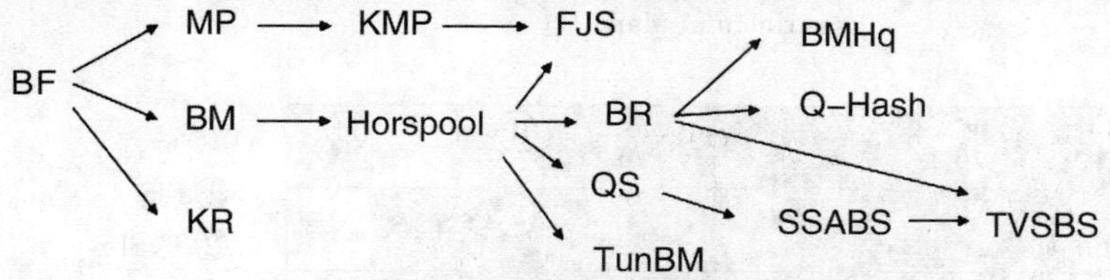

图 2－1　基于比较的单模式匹配算法发展路线图

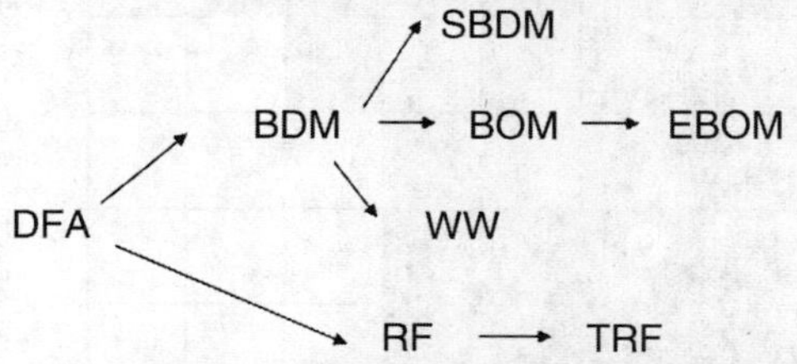

图 2－2　基于自动机的单模式匹配算法发展路线图

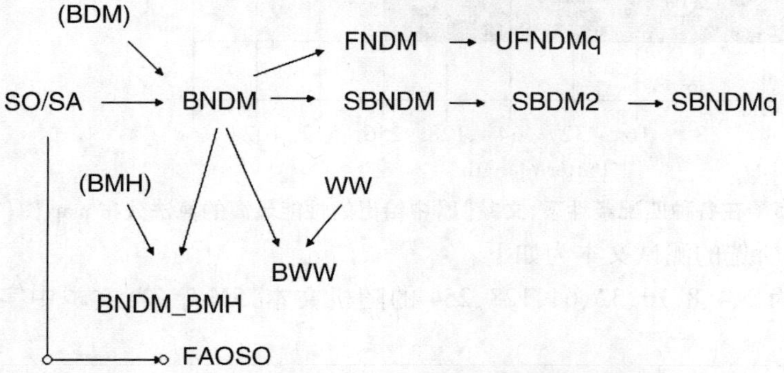

图 2－3　基于位并行的单模式匹配算法发展路线图

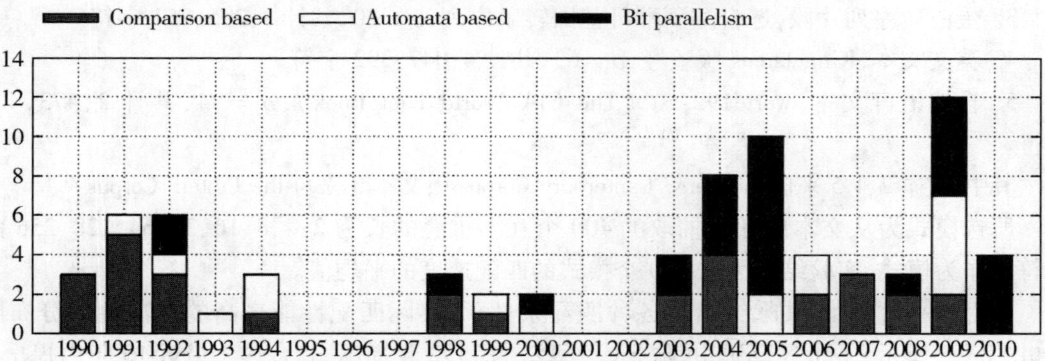

图 2－4　精确单模式串匹配算法提出时间分布情况

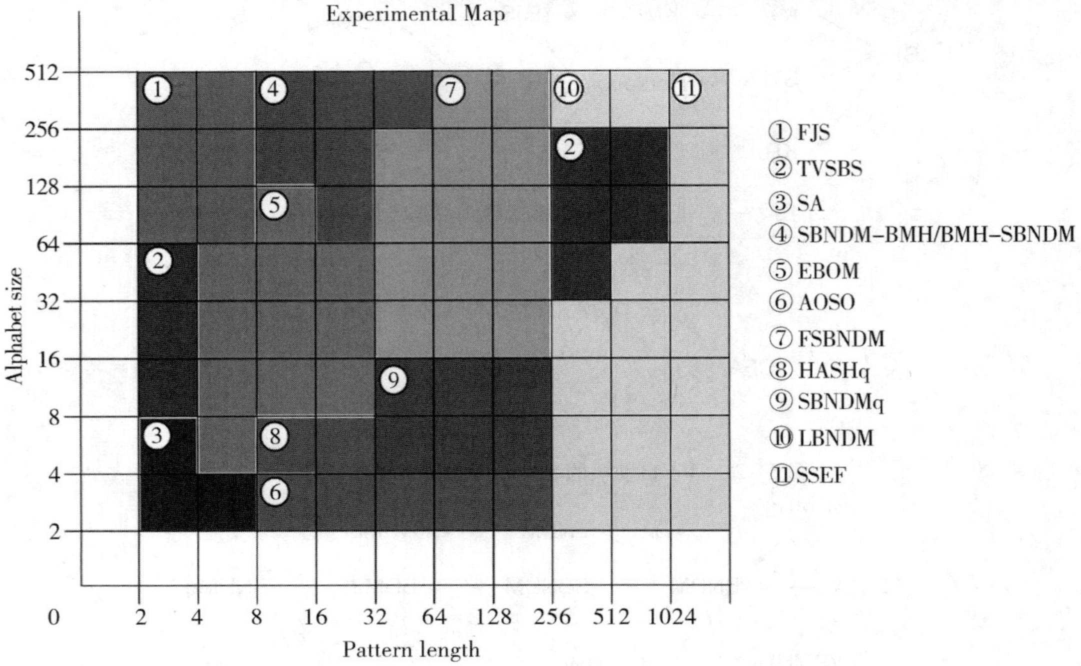

图 2-5　在各种匹配条件下，文献[1]中给出的性能最高的算法分布 map 图(2010)

文献[1]中所选的测试文本为如下。

1. 字符集为 2、4、8、16、32、64、128、254 的随机文本，5M 字符，文本中字符满足等概率模型。

2. 大肠杆菌(Escherichia coli)DNA 序列片段，$\sigma=4$，共计 4,638,690 字符。

3. 蛋白质序列片段，选自酿酒酵母基因转录序列，$\sigma=20$，共计 3,295,751 字符。

4. 英文文本，King James 版圣经，$\sigma=63$，共计 4,047,392 字符。

5. 自然语言文本，world192. txt（The CIA World Fact Book），$\sigma=94$，共计 2,473,400 字符。

其中，文本 2、4、5 来自 the Large Canterbury Corpus①；文本 3 来自 the Protein Corpus②。

所选模式为从文本中随机抽取的 400 个互不重叠的长为 2、4、8、16、32、64、128、256 的字符串作为模式，实验结果为这 400 个模式的匹配速度的平均值。

在上述平台中，该文献给出了各种匹配条件下，实际匹配性能最高的算法性能分布图（如图 2-5 所示）。上述算法中，除 SA[59] 算法为 1992 年提出，其余均于最近 10 年内提出。

在该综述发表后，又有文献[70]发表，提出三种位并行算法 BXS（BNDMq with eXtended Shift）、BQL（BNDMq Long）和 QF（Q-gram Filtering），性能很高。

受限于篇幅，本书无法列出上述所有算法的原理，上述所有表中列出算法都附带了相关的参考文献。

根据上述算法，目前精确单模式匹配领域的研究方向主要包括以下内容。

---

① http://corpus. canterbury. ac. nz/descriptions/.

② http://www. data-compression. info/Corpora/ProteinCorpus/.

1. q - grams。在串匹配过程中,分支操作大量出现。分支操作的代价是跟分支预测的结果是否正确有关。分支预测成功时,分支操作只需一个处理器时钟;而分支预测失败时,处理器需要清空流水线,将造成高达数十个时钟的延迟,这代价非常高昂。因此,串匹配领域应该尽可能提高分支预测正确率。q - grams 是一种一次读入 q 个字符,并只进行一次分支操作的方法。因为读入多个字符后,分支预测正确率将更高,因此 q - grams 能有效提高算法性能。现有高性能算法几乎都是 q - grams 算法(至少是 2 - grams 算法)。现有 q - grams 主要有两种形式,一种将字符集处理为更大的字符集,把连续的 q 个字符组成的字符串处理为 Σ^q 上的一个字符,如 3 - grams 把串"hello"处理为"hel - ell - llo"。本书称这种机制为 Sq - grams(Super Alphabet q - grams),另一种为循环展开方式,不更改字符集的大小,而是在连续读入 q 个字符后才进行一次检查,称这种 q - grams 机制为 Uq - grams(Unrolling q - grams)。Sq - grams 几乎可在所有的算法上进行扩展,但它常需要更大的额外存储空间(不使用 Hash 机制时为指数级),常导致 Cache 命中率下降而影响性能;而 Uq - grams 不增加额外存储空间,但不是所有的算法都支持 Uq - grams 扩展。修改不支持 Uq - grams 的算法以支持 Uq - grams 是一个充满挑战的研究方向。同时,q - grams 能明显提高算法柔性(flexible,算法运行时间的波动越小,则柔性越好)。

2. 提高跳跃距离。在可跳跃算法中,引入 q - grams 后算法的最大跳跃距离由 m 下降至 $m-q+1$。这将影响短模式匹配的性能。将 BM 好后缀规则[10]、Quick Search[23]算法利用窗口外字符进行跳跃等增大跳跃距离的技术加入 q - grams 算法,可明显提高短模式的匹配性能。

3. 更稳定的跳跃距离。在算法的核心循环中,基于比较的串匹配算法跳跃距离与读入字符(串)有关,而基于自动机或位并行的算法的跳跃距离是个常数。如果跳跃距离和读入字符(串)无关,则在较高频率发生跳跃的情况下,支持乱序执行的处理器可以无须处理完读入字符(串)便通过分支预测实现跳跃,在一定程度上隐藏处理读入字符串的时间。因此,基于自动机或位并行的算法在中长模式下通常有更高的性能。即便是跳跃距离和读入字符串相关,相对稳定的跳跃距离也是有好处的。由于内存的延时高于处理器 Cache 几个数量级,现代处理器广泛提供智能预取功能,该功能可从内存中预取可能需要的数据以隐藏内存子系统的读延迟。智能预取的前提是内存读入位置服从一定规律,如果可跳跃算法的跳跃距离有很大的变化,将使预取难度增加,预取正确率下降。由于如 Intel Core2 以上的处理器直接将待预取数据预取到昂贵的 L1 - Date - Cache,预取正确率将对算法性能有较大影响。

4. 简化算法。在字符串匹配领域,"简单即美"[7]。在算法设计的时候,要精心安排匹配动作,每简化一个操作,性能都会有相应的提升。以 SBNDM[62] 为例,虽跳跃距离小于 BNDM[60],但实际性能明显优于 BNDM。

5. 降低操作之间的数据依赖关系。现有处理器广泛采用了超标量技术,对多个变量的独立操作可以由处理器内在并行完成。若数据之间存在数据依赖关系,则这些操作无法并行化处理,因此应该优化操作,降低数据依赖性,使算法更容易内在并行化。如果数据依赖无法人为消除,在安排算法流程时,应让存在数据依赖的两条语句尽量远离,降低等待时间。

6. 采用较大的额外存储空间。空间换时间一直是计算机算法设计中的重要思路。通常,使用更大的预处理空间能获得更大的跳跃距离或更高的分支预测正确率。早期的算法受限于处理器的 Cache 容量,如 Intel 奔腾Ⅳ处理器有 8KB 的 L1 date cache,算法的空间占用通常较小。随着处理器技术的发展,处理器的 Cache 容量不断提高,如现在的主流处理器,Intel Sandy Bridge 平台每个核心拥有 32KB L1 data cache,AMD Phenom 平台每核心拥有 64KB L1 date cache,Intel Xeon 7400 每核心拥有 96KB L1 date cache。在处理器不断增加 L1 - Cache 容量的背景下,容忍算法采用更大的预处理空间提高算法性能。但是存储空间的增加不是任意的,应该在保证在 L1 - Cache,至少是 L2 - Cache 的容量许可下,适当增加。

7. 其他面向当前处理器体系结构的细节优化。如 AMD 10h 系列处理器软件优化指南中指出,使用数组代替指针、在处理 && 语句、|| 语句、嵌套 if 语句时安排分支顺序保证先计算难以预测的分支、避免 Store - to - Load 操作等基本优化技术。算法设计时,要依据以上规则合理安排算法流程。

这些改进方向也适合多模式的情况。而很多早期算法的改进思路,如 TunBM[33]的循环展开策略,部分较新的编译器已经能够自动完成相应优化,已经无法提高现有算法性能。

2.3 精确多模式字符串匹配研究现状

精确多模式匹配的应用范围非常广泛,是网络安全、内容安全、入侵检测、信息检索与过滤、OCR 识别等重要领域中的关键问题[7]。多模式匹配过程已经成为这些领域的计算瓶颈,这些领域对匹配性能的需求更为迫切。

精确多模式字符串匹配领域相对于单模式匹配领域更加的复杂,特别是目前还没有一个合理的实验框架,严重影响了本领域的研究。多模式匹配算法的性能受多种因素影响,如字符集大小、模式集中最短模式长度、模式集中模式数目、文本中出现模式匹配的概率等。受限于发表论文篇幅,很少有文献能对所有因素的各种组合情况进行完整的测试,特别是出现匹配的概率现在很少有文献进行讨论。因此不同的文献的实验之间的性能对比实际上是没有意义的。目前尚无法探明在各给定匹配条件下,哪个算法是目前最快的。目前多模式匹配领域的研究惯例中,各论文提出算法一般只与几种经典算法,如 AC[71],Wu - Manber[72]和 Set BOM[75]进行比对。

G. Navarro 等人于文献[76]证明在等概率模型下,精确多模式串匹配算法的最优、最差和平均时间复杂度分别为 $O(n/m)$、$O(n)$ 和 $O[n\log_\sigma(rm)/m]$。类似于精确单模式匹配领域,目前这些时间复杂度也均达到。首个达到最优、最差、平均时间复杂度的算法分别为 Commentz - Walter[77],AC[71]和 Set BDM[53]。并且有算法同时达到这些时间复杂度的下界,如 MLDM[73],AOAC[74]等。目前高性能可跳跃多模式匹配算法的平均时间复杂度大多达到或接近多模式匹配算法平均时间复杂度的下界。

所有的多模式匹配算法均由精确单模式匹配扩展而来。其中,AC[71]算法由 KMP[17]算法扩展而来,Wu - Manber[72]算法由 Horspool[18]算法融合 q - grams 和 Hash 思想扩展而来,Set BOM[75](该算法也简称为 SBOM)由 BOM[54]算法扩展而来。

几乎所有的精确单模式匹配算法都可以进行多模式的扩展,如下列文献都将某种单模式匹配中的算法扩展到多模式领域。

1. 文献[79]中提出了将基于比较的 Horspool[18] 算法(该文献中 Horspool 算法以位并行方式实现)和基于位并行算法 SO[59]、BNDM[60] 向多模式扩展的 q - grams 过滤算法。

2. 文献[73]中提出 WW[12] 算法扩展到多模式匹配中。

3. 文献[58]中提出利用模式串的 Burrows - Wheeler transform[80],通过较低代价实现了 BDM[53] 算法(即单模式匹配中的 SBDM[58] 算法),并将这个单模式算法扩展到多模式匹配中。

4. 文献[81]中提出基于后缀数组[82] 的多模式匹配算法。

5. 文献[83]中提出将 Rabin - Karp[21] 算法扩展到多模式匹配中。

6. 文献[74]中提出将 AOSO[64] 算法扩展到多模式匹配中。

更多的多模式匹配领域的相关研究是改进现有算法,特别是 AC[71],Wu - Manber[72] 和 Set BOM[75] 以得到更高性能的多模式算法。这些算法的具体原理将在对应改进章节中进行详细介绍。

精确单模式串匹配领域的研究方向在本领域内基本适用,而本领域内研究对存储空间的要求更高。大量多模式匹配算法使用 Trie 树[84] 结构,这个结构目前最快的二维表实现的空间占用较大,在 $\sigma = 256$ 时每个状态都需要 1KB 的空间。而 Wu - Manber 系列算法采用 Hash 表结构,当模式较多的时候,为保证足够低的 Hash 碰撞率,Wu - Manber 系列算法 Hash 表的空间占用也较大。通常来说,在面向较大规模匹配时,多模式匹配的空间需求非常大。因此,大量的研究集中在降低存储空间开销,比如使用双数组 Trie [85],位图[85],稀疏数组[86],完美 Hash[85] 等技术压缩存储空间。也有文献[87]通过排列状态位置,降低缓存失效率的方向进行改进。

本领域的研究比较烦杂,这里列出一些典型的本领域其他方向的研究成果。

文献[88]中提出将模式集合分化为若干子集,每个子集选择不同的匹配算法以获得更好的整体匹配性能,并给出了最优化的分割方案。

文献[89]中提出将 Bloom Filter[90] 作为过滤器的多模式匹配算法。该算法先对数据使用 Bloom Filter[90] 进行过滤,发现疑似匹配后再进行正常的匹配。

文献[91]中提出了将 Horspool[18] 算法匹配后继续跳跃思想,Quick Search[23] 增加跳跃距离思想和 BM[10] 好后缀规则应用于 Wu - Manber[72] 算法中,以提高短模式下的性能的多模式匹配算法。

2.4　国内研究现状

国内亦出现了大量的串匹配算法相关研究,该领域研究非常热门。

2.4.1　国内相关学位论文

以万方数据库为例,以“串匹配”为关键字进行搜索,有数百篇相关学位论文,其中相关硕士论文 207 篇,博士论文 33 篇。目前国内的研究以基于比较的字符串匹配算法为主,目前,以中国科学院计算技术研究所、中国科技大学、国防科技大学、哈尔滨工业大学、哈尔滨工程大学、北京邮电大学、广西大学等院校(排名不分先后)的研究比较突出。目前与本书所述在通用处理器上进行精确单模式匹配和精确多模式匹配相关程度较高的国内学位论文如表2-4所示。

表2-4 近期与串匹配相关程度较高的部分国内学位论文

字符串匹配多级并行算法研究[92]	[B]	华南理工大学	黄鲲	2009
最优串匹配算法及其在网络安全中的应用[73]	[B]	哈尔滨工业大学	贺龙涛	2005
串匹配算法及其在网络内容分析中的应用[93]	[B]	中科院计算所	谭建龙	2003
串匹配与序列查找并行算法研究[94]	[B]	中国科技大学	钟诚	2003
快速精确字符串匹配算法研究[95]	[S]	合肥工业大学	何畏	2010
高性能精确单模式串匹配算法研究[96]	[S]	哈尔滨工程大学	范洪博	2009
模式匹配算法研究及其在IDS中的应用[97]	[S]	合肥工业大学	姚保峰	2009
多模式匹配算法的研究[98]	[S]	合肥工业大学	邓惠俊	2009
大规模特征串匹配技术的研究[99]	[S]	北京邮电大学	李雪	2008
串匹配算法优化技术研究[100]	[S]	中科院计算所	刘燕兵	2006
面向体系结构的串匹配算法优化研究[103]	[S]	中科院计算所	戴正华	2006

上述文献在精确单模式匹配和精确多模式匹配领域的主要贡献如下。

1. 文献[92]利用SSE指令对基于比较的和基于自动机的精确单模式串匹配算法进行并行化。

2. 文献[73]提出了一种宽窗口机制匹配机制，提出了该机制的自动机实现和位并行实现。并该机制推广到多模式匹配领域。基于该机制的算法可同时达到各种时间复杂度的下界。

3. 文献[93]提出一种以int数作为读入最小单位的Wu-Manber[72]多模式匹配算法。

4. 文献[94]将单模式匹配中的Karp-Rabin[21]算法实现了并行化。并基于Hash机制将该并行算法扩展到多模式匹配领域，实现了线性匹配。

5. 文献[95]精确单模式匹配中，提出了Horspool[18]算法的2-grams扩展版本。在多模式匹配领域，提出了向Wu-Manber[72]算法中加入好后缀规则、匹配成功后采用Horspool[18]算法思想继续跳跃两个方面改进。

6. 文献[96]简化了2-grams位并行算法SBNDM2[63]，将读入字符时的操作总数降至最低。并提出采用两个跳跃字交替跳跃的TunBM[26]算法的一种精确单模式改进算法。

7. 文献[97]提出一种基于Quick-Search[23]的2-grams BM[10]类精确单模式串匹配算法，首先判断窗口最末字符是否匹配，然后用窗口最末字符和窗口后的首个字符组成的字符串做坏字符串跳跃。

8. 文献[98]提出一种对多模式匹配算法Commentz-Walter[77]算法(又称AC-BM算法)的改进算法，该算法将Quick-Search算法机制加入AC-BM中，将最大跳跃距离提高一个字符。

9. 文献[99]提出一种对多模式匹配算法Wu-Manber[72]算法的改进，包含三点内容：①在匹配成功后，采用Horspool[18]算法思想继续跳跃；②实现对Hash表冲突时的串进行排序，可以降低在 Hash 表冲突后需读入的字符个数;③将模式分为长模式和短模式分别匹配。

10. 文献[100]提出采用以双数组 Trie[101] 构造的 Suffix Trie 实现的多模式匹配算法,该方式可实现比 Set BOM[75] 算法更低的空间占用,并拥有与 Set BOM 接近的跳跃能力,提高了大规模匹配时的算法性能,并利用线性规划优化了 Set BOM 算法状态的空间布局,降低了 Cache 失效率,提高了算法性能。

11. 文献[103]提出采用 SMID 指令优化的多模式匹配算法,并提出一种基于 SuperAlphabet $=\sigma^2$ 的 S2 - grams 版本 Shift - Or 算法[59]。

2.4.2　国内主要期刊上的相关文章

以万方数据库为例,以“串匹配”作为关键字进行搜索,目前国内期刊上发表相关文献共 285 篇,其中近 3 年 116 篇。这里,我们只统计被 EI 检索的期刊中的相关文章。目前与本书所述在通用处理器上进行精确单模式匹配和精确多模式匹配相关程度较高的部分国内学术期刊论文如表 2－5 所示。

表 2－5　近期与串匹配相关程度较高的部分国内学术期刊论文

一种高速精确单模式串匹配算法[104]	计算机研究与发展	范洪博等	2009
基于异构隐式存储的多模式匹配算法[86]	通讯学报	李志东等	2009
基于存储优化的多模式串匹配算法[105]	计算机研究与发展	刘燕兵等	2009
一种面向大规模特征集的高效特征匹配算法[106]	高技术通讯	张伟等	2009
面向中英文混合环境的多模式匹配算法[107]	软件学报	孙钦东等	2008
快速的多模式匹配算法[108]	哈尔滨工业大学学报	殷丽华等	2007
用于检测过滤的多模式匹配[109]	北京邮电大学学报	魏景芝等	2007
基于混合策略的单模式匹配算法[110]	上海交通大学学报	刘传汉等	2007
改进的 Wu－Manber 多模式串匹配算法[111]	清华大学学报	杨东红等	2006
IDS 中新的快速多模式匹配算法及其设计[112]	大连理工大学学报	宋明秋等	2006
一种时间复杂度最优的精确串匹配算法[113]	软件学报	贺龙涛等	2005
一种非常快速的字符串匹配算法[114]	电子科技大学学报	罗大光等	2005

上述文献在精确单模式匹配和精确多模式匹配领域的主要贡献如下。

1. 文献[104]提出 2 - grams 位并行精确单模式匹配算法 SBNDM2[63] 的简化算法,精简了操作,提高了算法性能。

2. 文献[86]提出对 AC 算法[71] 的改进算法,通过横向扇出压缩和纵向路径压缩两方面降低了 AC 算法的空间占用,改进了大规模匹配时的算法性能。

3. 文献[105]提出基于双数组 Trie[101] 实现的 Suffix Trie 的多模式匹配算法,相比 Set BOM[75],跳跃能力接近,空间占用更低。

4. 文献[106]提出一种面向大规模匹配的 Wu - Manber[72] 算法改进算法,将 Wu - Manber 算法的双字 Hash 改为 4 字 Hash,并引入 Bloom Filter[90] 思想,采用双 Hash 函数,当两个 Hash 函数找到同一个串的时候,才判定匹配,这降低了 Hash 函数的碰撞率,提高了算法性能。

5. 文献[107]提出一种适用于中英文混合环境的完全 Hash Trie 匹配机制。

6. 文献[108]提出一种将 TunBM[26]算法思想应用于类 AC[71]自动机以实现跳跃的多模式匹配算法。

7. 文献[109]提出一种将 Quick Search[23]算法思想应用于 FS 多模式匹配算法的一种改进的多模式匹配算法。

8. 文献[110]提出一种同时采用正向自动机和反向后缀自动机的精确单模式匹配算法,即为精确单模式算法中的 ILDM[56]算法。

9. 文献[111]提出一种将 Quick Search[23]算法思想引入 Wu – Manber[72]算法的多模式匹配算法。

10. 文献[112]提出在 Commentz – Walter[77]算法(又称 AC – BM 算法)中引入 BM[10]好后缀规则的一种多模式匹配算法。

11. 文献[113]提出宽窗口精确单模式串匹配算法,该算法同时达到了最优、最差、平均时间复杂度的下界。

12. 文献[114]提出一种结合 Karp – Rabin[21]和 BM[10]思想的串匹配算法。

根据以上分析可见,国内科学界对字符串匹配非常重视,研究热情很高,并涌现了很多优秀的成果,不少成果有很大的国际影响力。我们对国内本领域的研究还是非常乐观的。不过,必须承认目前国内的研究和国际领先水平研究仍然存在着一定的差距,主要表现:该领域国内文献中充斥着大量低档论文或职称论文,这对该领域研究工作造成了严重的困扰研究;以基于比较的匹配算法研究为主,研究方向略显单一;对软件优化技术、体系结构的重视较少;理论层面的研究成果较少等。

2.5 本书涉及的基本概念与定义

本节简要介绍书中通用的概念与符号定义。

2.5.1 基本定义

本书伪代码为 C 语言格式伪代码,伪代码中所述操作描述与 C 语言一致。

本书只涉及精确单模式匹配和精确多模式匹配。在这两个领域中,文本与模式均建立于相同的字符集 Σ 上,在后续讨论中不再指定字符集,$|\Sigma| = \sigma$,Σ^* 为字符集 Σ 的闭包。本书中用未定义的大写英文字符表示 Σ^* 中字符串,如 $U,V,W,S \in \Sigma^* = \Sigma^+ \cup \varphi$,其中 φ 为空串,Σ^+ 为字符集 Σ 的正闭包;用未定义的小写字符表示字符,如 $a,b,c \in \Sigma$,特别是串中的字符用该串标号对应的小写字符加该字符在串中的位置(从 0 开始,并以下标形式记录)来表示,如串 S 的前三个字符分别记为 s_0, s_1, s_2。记串 U,V 的顺序拼接为串 UV,若连续的 k 个字符 c 进行拼接,记拼接后的串为 c^k,若连续 k 个字符串 U 进行拼接,记拼接后的串为 U^k。规定文中使用字符串为标准 C 格式字符串,不考虑中英文混排串,以'\0'作为串结束符,$'\backslash 0' \notin \Sigma$,在串中不保存串长度等相关信息。

记串 S 的长度(不包括'\0'的字符个数)为 $|S|$。若 $|S| = m$,则 $S = s_0 s_1 ... s_{m-1}$。其中 s_i 又记作 $S[i]$,这两种写法本书不进行区分。对 S,记串 $U = s_0 s_1 ... s_{k-1}$ 为串 S 的前缀,其中 0

$\leqslant k \leqslant m$($k=0$ 时,$U=\varphi$),并简记为 $U=pref_k(S)$;记串 $W=s_{m-k}s_{m-k+1}...s_{m-1}$ 为串 S 的后缀,其中 $0\leqslant k\leqslant m$($k=0$ 时,$W=\varphi$),并简记为 $W=suff_k(S)$。对 $\forall k, 0\leqslant k\leqslant m, pref_k(S), suff_k(S)$ 的集合分别记为 $pref(S), suff(S)$。若 $S=UVW$(U,V,W 可以为空串),则称 U,V,W 均是 S 的子串,并简记为 $U,V,W\in fac(P)$。对 $\forall k, 0\leqslant k\leqslant m$,若串 U 为 S 的长为 k 的子串,记为 $U\in fac_k(S)$,其中 $fac_0(S)=\varphi, fac_m(S)=S$,而对于其他 k,$fac_k(S)$ 不唯一,若不考虑重复串,集合 $fac_k(S)$ 中有 $m-k+1$ 个元素。记 S 的子串 $s_is_{i+1}...s_j$ 为 $S[i...j]$。对串 $S=s_0s_1...s_{m-1}$,称串 $s_{m-1}s_{m-2}...s_0$ 为 S 的反转,并记为 S^{rv}。若集合 $S=\{S_0,S_1...S_{r-1}\}$,$S_i\in\Sigma^*$,则记集合 $S^{rv}=\{S_0^{rv},S_1^{rv},...,S_{r-1}^{rv}\}$ 为集合 S 的反转。

若不考虑 Unicode 等大字符集,每个字符占用一个字节。本文中字节序为 Little - Endian。记字符 c 的二进制编码为 $c={}^7c{}^6c{}^5c{}^4c{}^3c{}^2c{}^1c{}^0c$,其中 c 的第 $i(i\geqslant 0)$ 位二进制编码记为 ${}^ic$,c 的第 i 到第 j 位二进制编码记为 ${}^{i\sim j}c$。若字符 c 的二进制编码为 00001110,则 c 的二进制编码可以记为 0^41^30。

字符串匹配普遍采用延文本顺序滑动的滑动窗口方式进行匹配。除个别算法(如 WW[12]、LNDM[12])外,滑动窗口与模式等长,匹配时由窗口内按照一定的规则读入字符,若窗口内所有对应字符和模式对应字符一致,则报告模式匹配。

2.5.2　自动机相关定义

有限自动机是串匹配领域的重要工具。有限自动机由一个有限个状态组成的状态集合 Q、一个可控制状态转换的输入的集合(或称字符集)Σ、一个控制状态转移的转移函数 $\delta: Q\times\Sigma\to Q$、一个或多个初始状态组成的状态集合 $I\in Q$ 和一个或多个终结状态组成的状态集合 $F\subset Q$ 组成,即有限自动机是一个五元组 $\{Q,\Sigma,\delta,I,F\}$。若同时处理多个自动机时,为方便区分,可在对应元素后加入自动机的标号,如自动机 A_1 的状态集合可记为 $Q(A_1)$。

有限自动机分为确定有限自动机 DFA 和非确定有限自动状态机 NFA 两种。在 DFA 中,I 唯一,并且对任意状态 $q\in Q$ 和任意输入 $c\in\Sigma$,$\delta(q,c)\in Q$ 且唯一,或者 $\delta(q,c)$ 不存在。在 DFA 中不存在空转移,既对任意状态 $q\in Q$,$\delta(q,\varphi)\to q$。而 NFA 中,I 可以不唯一,或 $\exists q\in Q, c\in\Sigma$,$\delta(q,c)$ 不唯一,或存在空转移,即 $\exists q_1,q_2\in Q, q_1\neq q_2, \delta(q_1,\varphi)=q_2$。不存在的状态记作 $\perp$,$\perp\notin Q$。若一个自动机 A 中,对 $\forall q\in Q$,$\forall c\in\Sigma$,$\delta(q,c)\in Q(A)$,则称自动机为 A 为完全自动机,反之,称该自动机为非完全自动机。因对 $\forall c$,$\delta(\perp,c)$ 将造成非法访问造成程序崩溃。在处理非完全自动机时,需要每进行一次状态转移后,判断当前状态是否为 $\perp$,而完全自动机无须在每次转移时判断当前状态是否为 $\perp$。进而,在完全自动机上可能实现 Uq - grams。

自动机中时间是离散的($t=0,1,2,...$)。在任意一个时间内,DFA 中,系统状态只能处于 Q 中的某个状态 $cur\in Q$,而 NFA 中,系统状态同时处于一个有限集合 $Q'\subseteq Q$ 中的所有状态。规定在一段时间内,自动机接收并只能接收一个输入 $s\in\Sigma$,并在此时间内进行状态转移,转移后,自动机处于转移的目标状态。若在时间 $t=i$ 的时候,系统输入为 s_i,$t=0$ 并输入 s_0 之前,自动机所处状态 $\in I$,并且在 $t=m$ 时,在发生状态转移前,DFA 中 $cur\in F$ 或 NFA 中 $Q'\cap F\neq\varphi$,则称自动机接收输入串 $S=s_0s_1...s_{m-1}$,反之,则称自动机拒绝输入串 $S=s_0s_1...s_{m-1}$。对于 $\forall t$,全部可被自动机 A 所接收的输入串的集合记为 $L(A)$,对于指定 t,全

部在时间 t 时被自动机 A 所接收的输入串的集合记为 $L_t(A)$。对串 $S \in \Sigma^*$，自动机 A，若在输入前系统状态为 I，则记自动机在逐个接收 S 中字符后，自动机的当前状态为 $q_S(A)$。根据以上定义有 $S \in L(A) \Leftrightarrow q_S(A) \in F(A)$。

根据以上定义，精确单模式串匹配和精确多模式匹配串匹配问题可从自动机角度进行刻画如下。

构造自动机 A，其中 $L(A) = P$ 或 $L_m(A) = P$，对文本 $\forall S \in fac(T)$，求解是否存在 $S \in L(A)$ 或 $S \in L_m(A)$ 的判定性问题，或若该判定性问题成立，求解满足 $S \in L(A)$ 或 $S \in L_m(A)$ 的所有 S 在 T 中出现位置。

自动机可通过图进行描述。自动机中的状态为图中的带编号节点，节点编号为自动机状态顺序号。转移为图中的带标签有向边，若 $\delta(i,c) \to j, i,j \in Q$，则节点 i 存在指向节点 j 的边，其标签为 c。DFA 中初始状态为 0 节点，NFA 中，如果初始状态多于一个，则各初始状态之间通过空转移(转移标号为 φ 的转移)进行连接。终结状态以双圆圈标出。显然，若给定了字符集 Σ，图的表示和自动机一一对应。一条由 I 到节点 $q \in F$ 的路径上的标号顺序拼接起来，可形成一个字符串，这个字符串属于 $L(A)$。本文中也用路径来表示这个串。根据自动机的图的表示可以得到计算机内自动机的组织形式。自动机有多种实现方式，以性能较高的二维表为例，自动机为一个 $|Q| \times \sigma$ 的二维数组 A 和一个用于检查的一维数组 *Check*，该数组的每一行代表一个状态，行的顺序与自动机的节点的编号顺序一致，$A[i][j] = k$ 表示 $\delta(i,j) \to k$，若状态 i 是终结状态，则 $Check[i] != NULL$。若自动机的当前状态为 *cur*，要输入串 S，则自动机的匹配动作如下：

while($check[cur] = NULL$ **and** $j < |S|$) $\{cur \leftarrow A[cur][S_j];\ j \leftarrow j+1;\}$

if ($check[cur] \neq NULL$) **then** *output*。

2.5.3 典型算法的自动机简介

这里，给出几个典型的自动机。这里假定模式 $P =$ "*abbbaab*"。

1. 图 2-6 中给出文献[16]中给出的 DFA 匹配算法对应自动机，该算法可以和 KMP 算法相互模拟[16]，是一种线性时间复杂度匹配算法。

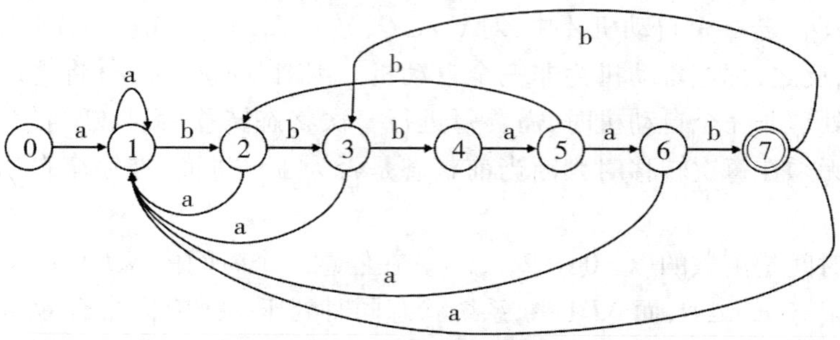

图 2-6 DFA[16]算法的自动机表示

这里，未标出的转移，全部转移到状态 0。其中自动机达到状态 i 表示，当前已读入串的长为 i 的后缀匹配了模式的长为 i 的前缀，当达到状态 m 则说明发生模式匹配。因此，自动机中的状态分别对应：0——φ，1——*a*，2——*ab*，3——*abb*，4——*abbb*，5——*abbba*，6——*abbbaa*，7——*abbbaab*。达到状态 7 说明发生模式匹配。

DFA 算法匹配的时候也采用从左至右逐个字符读入，在读入任意字符读入前，自动机处于 0 号状态，每读入一个字符，则根据自动机当前状态和读入字符进行状态转移，若自动机达到了终结状态则报告发现匹配。若文本 $T = "abbbababbbaabba"$，则状态序列的转移顺序为：012345212345673$\underline{1}$，在 $T[12]$ 处发现模式匹配。可见，DFA 以 $O(n)$ 的时间复杂度完成了模式匹配功能。

文献[16]中所述 DFA 的构造方法的时间复杂度为 $O(m\sigma)$。KMP 算法[17]是该自动机的一种更为巧妙地实现，可以在 $O(m)$ 的时间内完成自动机的构造。文献[16]中证明，该自动机和 KMP 的自动机同构。KMP 的另一种自动机刻画见 Simon 算法[52]。

2. 将 DFA[16] 自动机或者 KMP 自动机推广到多模式匹配领域即为 AC/AAC 算法[71]。AC 和 AAC 自动机的构造时间复杂度为 $O(M\sigma)$，其中 M 为模式集中总字符个数。

以模式集合 $P = \{abbb, abab, babb\}$ 为例，生成的 AAC 自动机如图 2－7 所示。其中粗线所示为 Trie 树部分，细线为步骤 3 中补齐的转移。

该自动机在搜索文本 $T = "aababbbabba"$ 的过程中，自动机当前状态序列为 0→1→1→3→5→$\underline{8}$→$\underline{10}$→$\underline{9}$→4→7→$\underline{10}$→4，即在位置 $T[4]$、$T[5]$、$T[6]$、$T[9]$ 四个位置发现模式匹配。可见，该自动机以 $O(n)$ 的时间复杂度找到了文本中所有的模式，完成了模式匹配功能。

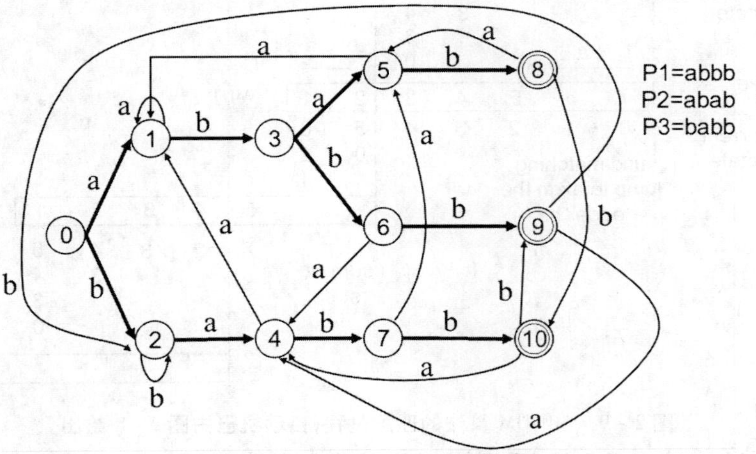

图 2－7　Set DFA 算法的自动机

3. 图 2－8 中给出 SBNDM 算法[62]对应非确定性自动机。

BNDM[60]系列算法均使用该自动机。该自动机中所有状态均为终结状态。该自动机 $L(A) = fac(P)$，$L_m(A) = P$。

SBNDM 是根据 P 的反转 P^{rv} 构建自动机的。由于在 T 中搜索 P 和在 T^{rv} 中搜索 P^{rv} 是等价的，对 $T = "abbbababbbaabba"$，$T^{rv} = "abbaabbbababbba"$，下面在 T^{rv} 中使用由 P 构建的自动机进行搜索。匹配时，先设置自动机当前状态为 0 状态，然后在窗口内由右至左读入字符，若发现无当前活动状态，则窗口跳跃至最后一个读入字符之后，若读入 m 个字符后，仍存在当前活动状态，则说明发生模式匹配，输出匹配位置后跳跃窗口，跳跃距离为模式的最长边界之间的距离。匹配过程如图 2－9 所示。

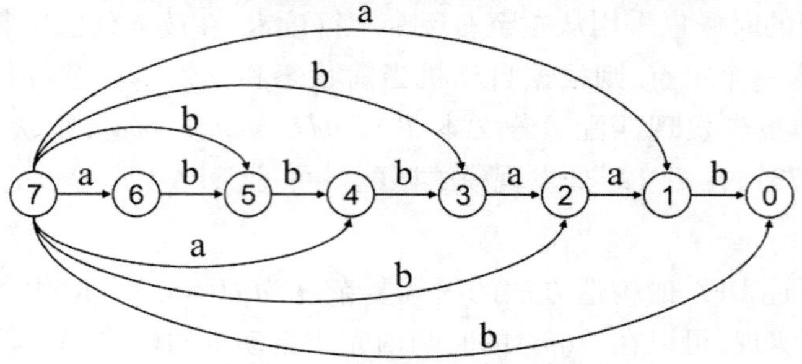

图 2－8　BNDM 系列算法的自动机表示

因 NFA 要维护当前状态的集合，这在字符串匹配来说开销很大，基于位并行的算法巧妙地利用计算机机内机器字位运算的内在并行性，将自动机的状态与机器字内对应位对应起来，利用位操作以 $O(1)$ 时间复杂度同时更新多个当前状态。BNDM 系列算法正确性形式化证明我们已于文献[104]中给出。

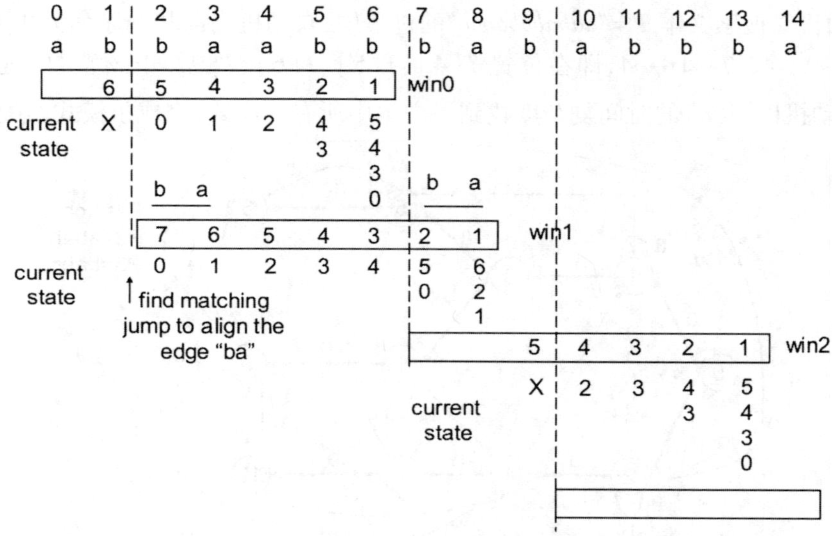

图 2－9　SBNDM 算法的匹配过程，自动机已由图 2－8 给出

4. 图 2－10 中给出了 BOM 系列算法[54]的确定自动机 Factor Oracle。

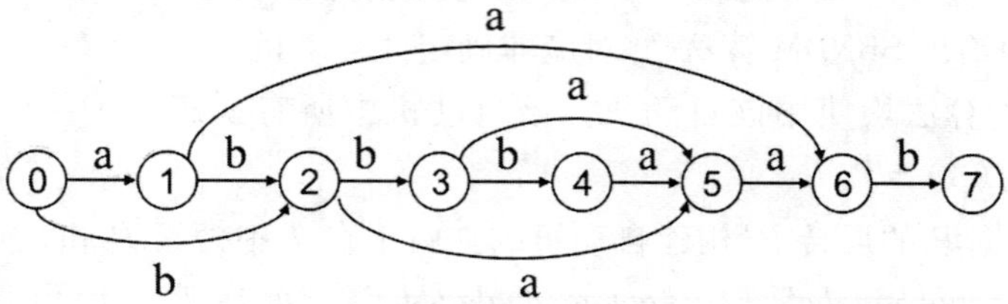

图 2－10　BOM[54]算法使用的 Factor Oracle 自动机

Factor Oracle 构造方法简单，可以线性时间构造，是已知最简的可识别所有模式子串的自动机之一。该自动机所有状态均为终结状态。该自动机最大特点是弱因子识别，即 $L(A)\supseteq fac(P)$，$\exists S\in\Sigma^*$，$S\notin fac(P)$，但 S 被 Factor Oracle 所接受的情况。但 $L_m(A)=P$。该自动机的大量特性尚未探明，特别是该自动机平均和最大的误接受串的数目目前仍然是个富有挑战的开放问题。虽然实际匹配中，误接受很少，但已知存在串使误接受超过 $O(\sqrt{m}!)$ 的超

指数级别[118]。进而,基于 Factor Oracle 的算法目前还无法分析其平均时间复杂度。但大量研究表明,在等概率模型下,基于 Factor Oracle 的算法可能拥有最优的平均时间复杂度。

BOM 算法的匹配过程类似于 BNDM 系列算法[60]。匹配前根据 P^{rv} 构建自动机,匹配中在处理每个窗口时,先设置自动机当前状态为 0 状态,在滑动窗口内从右至左读入字符,并进行状态转移。若当前状态转移至 ⊥ 状态,则跳跃窗口到最后一个读入字符之后,若整个窗口都读入后,自动机当前状态仍然不为 ⊥ 状态,则报告模式匹配。

文献[7][115]将字符串匹配分为按前缀匹配、按后缀匹配和按子串匹配三类。以上介绍了根据前缀匹配的 DFA,根据子串匹配的 NFA 和 DFA 典型自动机,后缀匹配类自动机比较复杂,其描述由文献[116]给出。

2.5.4　实验平台定义

本书中所有实验基于以下平台。

硬件环境:AMD Phenom FX－5000 四核处理器,主频 2.2GHz,倍频 11x,外频 200Mhz,45nm 制程。每核心独占 64KB 指令 L1－Cache(2－way),64KB 数据 L1－Cache(2－way),每核心独占 512KB,L2－Cache(16－way),共享 6MB L3－Cache(48－way)。AMD 785G 芯片组,单通道 DDR2 800 1.75GB(显存占用 256MB),Intel X25M 80G 固态硬盘。

在该硬件平台上,各级缓存和内存的数据访问速度相关数据由表 2－4 列出。

表 2－4　本书实验平台缓存和内存相关参数(tested by everest®)

	读带宽	写带宽	拷贝带宽	延时
L1－Date－Cache	70.7 GB/s	35.3 GB/s	47.1 GB/s	1.3 ns
L2－Cache	17.7 GB/s	14.1 GB/s	16.3 GB/s	4.2 ns
L3－Cache	5.67 GB/s	7.55 GB/s	8.14 GB/s	10.2 ns
内存	5.47 GB/s	5.16 GB/s	5.20 GB/s	70.6 ns

软件环境:Ubuntu 10.10 32bit,内核版本 2.6.35－22－generic,编译器 g＋＋ 4.4.5,IDE 为 Code:blocks 10.05。编译参数为－O3(针对性能最大优化)。

测试文本:本文采用如下文本作为测试文本。

1. 字符集大小为 2、16、64、254 的随机文本,每个文本长 20MB,随机函数为 gcc 标准库函数 rand()。

2. 大肠杆菌 DNA 序列,Escherichia coli,$\sigma=4$,共计 4,638,690 字符。

3. 英文文本,King James 版圣经,$\sigma=63$,共计 4,047,392 字符。

4. 自然语言文本,world192.txt (The CIA World Fact Book),$\sigma=94$,共计 2,473,400 字符。

其中文本 2、3、4 来源与文献[1]测试文本一致。为保证足够的精度,文本 2、3、4 拷贝至 20M 左右。

测试过程:计时采用 RDTSC[15]指令,计时精度 ±30CPU 时钟,若不考虑分时操作系统时间片轮换等影响,为 ±20ns。由于 RDTSC 是以 CPU 时钟为单位进行测量,测试时已在 BIOS

中关闭 AMD Cool&Quite ①功能,并通过 cpufrequtils② 工具将系统时钟锁定至 2.2GHz。测试时已尽可能关闭网络以及无关的后台程序和系统服务,以保证在不进行匹配时,处理器的利用率维持在 3% 以下。并在计时前,将文本读入内存以避免磁盘对测试的影响。为保证一个实验中的各个算法测试时处于接近的系统状态,我们在单一的测试程序中实现的各种算法,并在每次匹配前,读取一个较大的表以清空 Cache 来确保各次匹配过程之间互不影响。

对精确单模式匹配,从文本中随机抽取 300 个不重叠的长度分别为 2、4、8、16、32、64、128、256 的字符串作为模式串。对于每个模式,匹配 10 次,去掉最高和最低值后取平均值。实验数据显示,当测试更长的模式串时,因匹配时间短,受操作系统时间片轮换等因素影响严重,数据的稳定性下降,因此本文中未测试更长的模式串。

精确多模式匹配时,随机从文本中选择 10、100、1000、10000 个子串作为模式集合,随机函数为 gcc 自带库函数 rand()。模式集合中,每个模式的长度一致。本文测试了模式长度为 8,24,72 三种情况,涵盖了短模式,中等模式和长模式三种情况。对于每个模式集合,进行 10 次匹配,去掉最高和最低值后取平均值作为最终结果。

该实验平台与文献[1]所述实验平台很接近,但编译参数并不一致。文献[1]中使用的 -O2 优化,未达到最大性能优化,而目前本领域惯例均采用 -O3 优化。同时,文献[1]中关闭了动态分支预测,根据前面的分析,分支预测在串匹配领域中非常重要。本书相关实验均采用 -O3 优化,默认开启分支预测。

2.6 本章小结

本章是本书研究的基础,给出了本书所需的相关概念和定义,介绍了本书所采用的实验平台,并总结了串匹配领域的最新研究现状,提出了本领域的研究思路与方向。

---

① http://en.wikipedia.org/wiki/Cool'n'Quiet.

② http://wiki.archlinux.org/index.php/Cpufrequtils.

第 3 章　基于 Q – Hash 的快速精确单模式匹配算法

图 3 – 1 中给出了现有精确单模式串匹配算法的性能对比图。由该图可见，截至 2010 年年底，在搜索二值文本时 Q – Hash 算法[46]性能高于目前已知算法。本章通过简化 Q – Hash 算法，并深入挖掘 Q – Hash 算法中 Hash 值的隐藏信息，并向该算法中引入了 BM[10]好后缀规则，提出了 SQ – Hash 算法（Simplified Q – Hash）和 TQ – Hash（Turbo Q – Hash）算法。这两个算法简化了 Q – Hash 算法的操作，提高了 Q – Hash 算法的跳跃距离，改进了 Q – Hash 算法。实验表明，TQ – Hash 的匹配性能明显高于 Q – Hash 算法，特别在短模式下性能提高明显。

Q – Hash 系列算法的时间复杂度分析工作目前仍属空白。本书给出了 Q – Hash 系列算法的时间复杂度，证明 Q – Hash 系列算法在 $q = \Theta(\log_\sigma m)$ 时，可达到精确单模式串匹配平均时间复杂度的下界。这是首个被证明达到此时间复杂度的 Hash 类精确单模式串匹配算法，也是首个达到此时间复杂度的实用基于比较的后缀匹配类精确单模式匹配。该结论也同时得到了实验的验证。

在此基础上，本章还分析了 Wu – Manber[72]算法的平均时间复杂度。首次证明若选择合适的 Hash 函数，Wu – Manber 算法能达到精确多模式匹配平均时间复杂度的下界。而在之前的研究中，Wu – Manber 只被认为拥有接近平均时间复杂度的下界的亚线性时间复杂度。鉴于 Wu – Manber 是目前使用最多和研究最为广泛的精确多模式匹配算法，该结论有重要的理论意义。

3.1　Q – Hash 算法介绍

Q – Hash 算法是多模式匹配算法 Wu – Manber 在单模式匹配领域的扩展。Q – Hash 属于按后缀匹配的 BM 类算法，只使用坏字符规则进行跳跃。由于单字符 BM 坏字符规则机制在字符集较小时，跳跃距离较低，性能较差。因此 Q – Hash 参考 Wu – Manber[72]，采用成组字符的 BM[10]坏字符规则（或称 BM 坏串规则）进行跳跃。这属于 q – grams 技术。

BM 坏串规则被定义如下。

算法从窗口中自后向前连续读入 q 个字符（$q < m$），记该 q 个字符组成的字符串为 U，若 $U \in \mathrm{suff}(P)$，则窗口可能匹配，应检查窗口中其他字符。若 $U \notin \mathrm{suff}(P)$，窗口应滑动，直到 U 对齐首个与 U 匹配的串 V（$V \in fac_q(P)$）。若对 $\forall V \in fac_q(P)$，$U \neq V$，则窗口应滑动到 U 之后。

在预处理过程中，为所有可能的 U 计算跳跃距离，并将其存储于 *shift* 表中。在匹配时，任意 U 的跳跃距离都可以直接查表得到。该 *shift* 表的空间占用为 $O(\sigma^q)$，如在扩展 ASCII 字符集（$\sigma=256$）上，3 - grams 的 *shift* 表需要 64MB、4 - grams 需要 16GB，这已经严重超出算法允许的范围。Q - Hash 采用 Hash 技术将 *shift* 表的空间占用降低至 1kB。记 *pos* 为窗口最末字符在文本中所在位置，U 的 Hash 值为 h，则在 $q=3$ 时，h 的计算方法为：

$h \leftarrow T[pos-2]; h \leftarrow 2h+T[pos-1]; h \leftarrow 2h+T[pos]; h \leftarrow h \bmod 256;$

若两个串 Hash 值相同，则存在匹配的可能，并称这两个串发生疑似匹配。Q - Hash 根据疑似匹配进行坏字符跳跃。因 Hash 机制的引入，Q - Hash 需处理 Hash 碰撞的问题。在串匹配领域中，如果一个正确的机制能够产生的跳跃距离为 l，则算法的跳跃距离为 $\forall k, 0<k\leqslant l$ 时，均能正确完成模式匹配功能。基于该性质，当发生 Hash 碰撞的时候，Q - Hash 设定跳跃距离为所有发生碰撞的 U 中跳跃距离最小值作为跳跃距离，从而完成了 Hash 碰撞的处理。

即在 U 读入后，窗口的跳跃距离为

$\text{shift}[\text{hash}(U)] = \min(\{k \mid \text{hash}(P[m-q-k...m-1-k]) = \text{hash}(U)\} \cup \{m-q+1\})$，其中 $0\leqslant k\leqslant m-q$。

同样，因为 Hash 碰撞的问题，造成 $\exists W \neq suff_q(P)$，但 $shift[W]=0$ 的情况。由于 Q - Hash 算法在发现疑似匹配后，会检查窗口中所有字符是否匹配，因此，上述情况不会造成错误的匹配结果。这种通过在匹配过程中引入一定的误匹配来提高算法性能的技术被称为 false positive。该技术在串匹配领域中被广泛使用，如 BOM 类算法[54]、Wu - Manber 系列算法[72]、各种过滤算法和各种基于 Bloom Filter[90] 的匹配算法中，均采用了该技术。

此外，Q - Hash 还使用了越界保护技术。该算法在 T 后接入串 P。这样，由于算法在窗口移出文本边界后，必出现疑似匹配，进而在核心循环中不会造成下标越界。因此，在引入越界保护后，Q - Hash 无须在其核心循环中进行下标越界检查。

在 $q=3$ 时的 Q - Hash 算法如代码 3.1 所示。其中，算法核心循环被称为 fast loop，而发现疑似匹配后的逐字匹配过程被称为 match loop。

```
Algorithm3 - Hash (P, T, m, n)
// Preprocessing
for α = 0 to  256 do shift[α] ← m - 2;
h ← P[0]; h ← 2h + P[1]; h ← 2h + P[2]; shift[h mod 256] ← m - 3;
for i ← 3 to m - 2 do
{h ← P[i - 2]; h ← 2h + P[i - 1]; h ← 2h + P[i];
shift[h mod 256] ← m - 1 - i;}
h ← P[m - 3]; h ← 2h + P[m - 2]; h ← 2h + P[m - 1];
sh1 ← shift[h mod 256]; shift[h mod 256] ← 0;
// Searching
T[n...n + m - 1] ← P;   pos ← m - 1;
while ture do
    {sh ← 1;
```

```
while sh≠0 do   // fast loop
{h←T[pos-2]; h←2h+T[pos-1]; h←2h+T[pos]; sh←shift[h mod 256]; pos←pos
+sh;}
if pos<n then // match loop
{if P=T[pos-m+1...pos] then REPORT(pos-m+1);pos←pos+sh1;}
else RETURN;
}
```

代码 3.1　$q=3$ 时 Q – Hash 算法

在 $q=3$ 的 Q – Hash 中，若编译器运行在足够的优化级别下，其 Hash 的计算过程将被自动优化为：

$h \leftarrow ((T[pos-2] \ll 2) + (T[pos-1] \ll 1) + T[pos]) \& 255$;

该 Hash 表空间占用为 1kB。因目前主流处理器已拥有了较大的 Cache，Q – Hash 中 Hash 表容量限制为 256 并没有充分利用 Cache。该问题也被文献[70]发现，该文献中给出的解决办法是将 Hash 表的容量扩大为 4096。

通过对 Q – Hash 算法的分析，可见，Q – Hash 算法仍然有继续简化的空间，同时该算法的最大跳跃距离为 $m-q+1$，可进一步得到提高。为此本书从这两方面改进 Q – Hash 算法。

3.2　简化 Q – Hash 算法

事实上，任何可将空间占用缩减到比处理器 L1 – Cache 更小的 Hash 方法均可以使用在 Q – Hash 中。因现有处理器广泛采用超标量技术，在此 Hash 过程中，各字符的读入并移位的操作是内在并行执行的，而 &255 因数据相关的原因需等到和值出现后才能执行，无法与其他指令并行。因此该操作的开销较大。为获得更高的匹配性能，这里去掉了 &255 的限制。如在 $q=3$ 时使用如下操作完成 Hash

$$h \leftarrow (T[pos-2] \ll 2) + (T[pos-1] \ll 1) + T[pos];$$

设 $\Sigma=[0,\sigma-1]$，并记 Hash 表的取值范围为 Σ'，$|\Sigma'|=\sigma'$，则对 $\forall q<m$ 有

$$\Sigma' = [0, ((\sigma-1) \ll (q-1)) + ((\sigma-1) \ll (q-2)) + ... + (\sigma-1)]$$

$$= [0, \sum_{i=0}^{q-1} 2^i (\sigma-1)] = [0, (2^q-1)(\sigma-1)].$$

进而有 $\sigma'=(2^q-1)(\sigma-1)+1$。在实际匹配中发现，即便在 m,σ 均较大时，如 $\sigma=m=256$时，q 的最优值未超过 5。此时 $\sigma'=7906$，Hash 表的空间占用不足 32kB，未超过 Core2 处理器 L1 – Date – Cache 容量和二分之一的 AMD Phenom 处理器 L1 – Date – Cache 的容量。由此可见，在去掉 &255 限制后，算法并不会因为空间占用过大而明显降低性能。

同时，Q – Hash 的越界保护机制可以进一步地进行改进。Q – Hash 算法在每次发现疑似匹配后都要检查是否越界。而根据越界保护机制，越界只发生在发现模式匹配后。因此，可将越界检查动作移入发现模式匹配后的后续动作中，这将越界检查的次数降低至每发现模式匹配执行一次，这进一步降低了越界检查的执行次数。

此外，Q - Hash 在进入 fast loop 前需执行 $sh \leftarrow 1$。该操作只用于保证进入 fast loop 后能跳过一次对 sh 的检查。显然，do - while 循环无须进行额外操作也能达到同样的目的。因此可在 fast loop 中使用 do - while 循环代替原有的 while 循环，以减少一次不必要的赋值操作。

称进行了上述简化的 Q - Hash 为 SQ - Hash(Simplified - Q - Hash)算法。

3.3 提高跳跃距离

在 Q - Hash/SQ - Hash 中，若已读入串 U 对 $\forall V \in P_{fac}(q)$，均有 $hash(U) \neq hash(V)$，窗口将跳跃 $m-q+1$ 字符(如图 3 - 1 中由 Win0 位置跳至 Win1 位置)。此时，$U_{suf}(q-1)$ 与 $P_{pref}(q-1)$ 对齐。若可确定 $U_{suf}(q-1) \neq P_{pref}(q-1)$，则 Win1 窗口不匹配，窗口可以继续滑动，直至发现长为 $k(k<q-1)$ 的 $U_{suf}(k)$ 与 $P_{pref}(k)$ 可能相同时停止(图 3 - 1 中 Win2 位置)。这样，窗口将额外滑动 $q-1-k$ 字符。该机制是 BM 好后缀规则的一个变种。

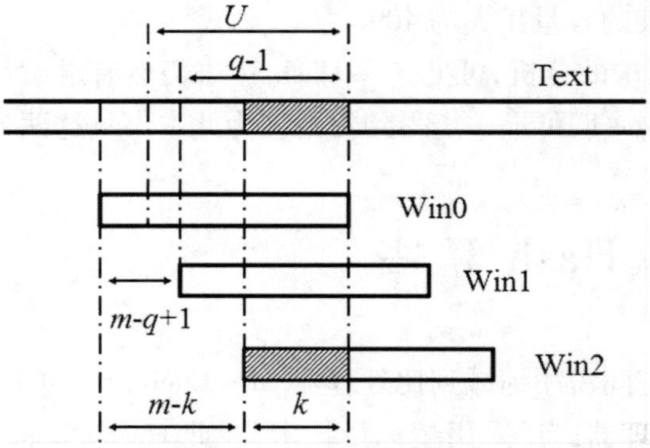

图 3 - 1　跳跃示意图(BM 好后缀规则)

因 Hash 机制的引入，BM 好后缀规则无法直接应用到 Q - Hash 算法中。幸运地是，Q - Hash/SQ - Hash 中使用 Hash 机制并不是一种均匀的 Hash 机制，在 $hash(U)$ 中仍然隐含了 U 中后缀的部分信息。若能充分利用这些隐含信息，将可利用该机制提高算法的跳跃距离。

记已读入串 $U = u_0 u_1 \ldots u_{q-1}, u_i \in \Sigma$，则 $hash(U)$ 与 $u_0, u_1, \ldots, u_{q-1}$ 的编码的关系如图 3 - 2 所示。因 Q - Hash 的 Hash 方法是对长为 q 的串定义的，现扩展该 Hash 定义。对 $\forall S = s_0 s_1 \ldots s_{k-1} \in \Sigma^k, k \leqslant q$，定义 $\text{hash}(S) = (s_0 \ll (k-1)) + (s_1 \ll (k-2)) + \ldots + s_{k-1} = s_{k-1} + 2s_{k-2} + \ldots + 2^{k-1} s_0$。显然，S$Q$ - Hash 中的 Hash 方法是该定义在 $k=q$ 时的一个特例。

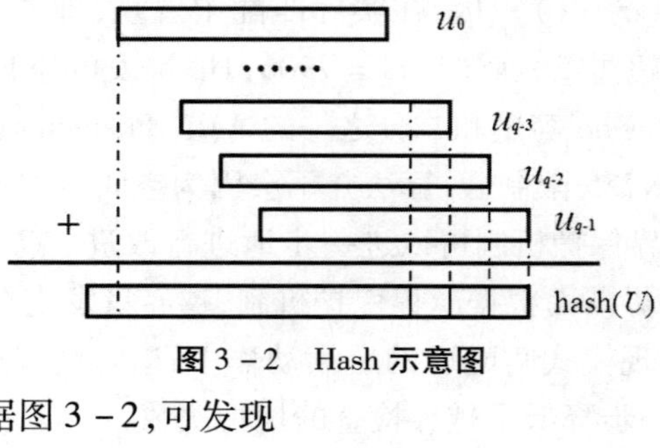

图 3 - 2　Hash 示意图

记 $h = hash(U)$。根据图 3 - 2，可发现

$h\&1 = {}^0u_{q-1} = u_{q-1}\&1 = \mathrm{hash}(suff_1(U))\&1.$

$h\&3 = ({}^0u_{q-2} \ll 1 + {}^{0\sim1}u_{q-1})\&3 = (u_{q-2} \ll 1 + u_{q-1})\&3 = \mathrm{hash}(suff_2(U))\&3.$

$h\&7 = (({}^0u_{q-3} \ll 2) + ({}^{0\sim1}u_{q-2} \ll 1) + {}^{0\sim2}u_{q-1})\&7$

$= ((u_{q-3} \ll 2) + (u_{q-2} \ll 1) + u_{q-1})\&7 = \mathrm{hash}(suff_3(U))\&7$

…

即对 $\forall k \leqslant q$ 有 $h\&(2^k-1) = \mathrm{hash}(\mathrm{suff}_k(U))\&(2^k-1)$，故在 $\mathrm{suff}_k(U) = \mathrm{pref}_k(P)$ 时，必有

$h\&(2^k-1) = \mathrm{hash}(\mathrm{suff}_k(U))\&(2^k-1) = \mathrm{hash}(\mathrm{pref}_k(P))\&(2^k-1).$

可见，当(1)式不满足，则可以直接确定 $suff_k(U) \neq pref_k(P)$，窗口可以继续滑动，直到首个满足(1)式的位置为止。这样，在引入本节所述机制后，已读入串 U 的跳跃距离应提高为

$$\mathrm{shift}[\mathrm{hash}(U)] = \begin{cases} \min(\{k \mid \mathrm{hash}(P[m-k-q...m-1-k]) = \mathrm{hash}(U),\ k \leqslant m-q\}) \\ if\ \exists V \in fac_q(P), \mathrm{hash}(U) = \mathrm{hash}(V); \\ m - \max(\{k \mid \mathrm{hash}(U)\&(2^k-1) = \mathrm{hash}(pref_k(P))\&(2^k-1), 1 \leqslant k < q\} \cup \{0\}) \\ \text{otherwise.} \end{cases}$$

此时，算法的最大跳跃距离由 $m-q+1$ 增大到 m，并且对 $\forall U$，改进后的跳跃机制的跳跃距离都不小于 Q – Hash 中的跳跃机制。由于计算所需所有参数在预处理时均已知，提高跳跃距离后的 *shift* 表的计算也可在预处理过程中完成。故在引入本节所述机制后，无须更改 SQ – Hash 的匹配动作。预处理至少需增加 $O(q\sigma')$ 的操作。

称引入上述机制后的 SQ – Hash 算法为 TQ – Hash(Turbo – Q – Hash)算法。

当 $\Sigma = \{0,1\}$，P ="0110"时，3 – Hash 的 *shift* 表和 T3 – Hash 算法的 *shift* 表分别如表 3 – 1所示。可见 TQ – Hash 明显地提高了平均跳跃距离。我们测试了不同的字符集和模式长度时的跳跃距离，实验结果表明，在 $suff_k(U) \neq pref_k(P)$ 时，跳跃距离增加的平均值接近 $q/2$。

表 3 – 1　3 – Hash 算法与 T3 – Hash 算法跳跃距离对比，P = "0110"

U =	000	001	010	011	100	101	110	111
3 – Hash. *shift*[*hash*(U)]	2	2	2	1	2	2	0	2
T3 – Hash. *shift*[*hash*(U)]	3	2	3	1	3	2	0	4

在 $q=4$ 时，T4 – Hash 算法的类 C 实现如代码 3.2 所示。若去掉代码 3.2 中 Additional Processing for Turbo – Q – Hash 部分，即为 SQ – Hash 的实现。

Algorithm Turbo – 4 – Hash (P, T, m, n)

// Preprocessing

for $\alpha \in \Sigma'$ **do**{shift[α] = $m-3$;}

$h \leftarrow (P[0] \ll 3) + (P[1] \ll 2) + (P[2] \ll 1) + P[3]$; shift[$h$] $\leftarrow m-4$;

for $i \leftarrow 4$ **to** $m-2$ **do**

{$h \leftarrow (P[i-3] \ll 3) + (P[i-2] \ll 2) + (P[i-1] \ll 1) + P[i]$; shift[$h$] $\leftarrow m-1-i$;}

$\boldsymbol{h \leftarrow (P[m-4] \ll 3) + (P[m-3] \ll 2) + (P[m-2] \ll 1) + P[m-1]}$;

sh1 ← shift[h]; shift[h] ← 0;

```
// Additional Processing for Turbo - Q - Hash
for α ∈ Σ' do
{if shift[α] = m - 3 and   α&7 ≠ ((P[0]≪2) + (P[1]≪1) + P[2])&7 then
        {if α&3 = ((P[0]≪1) + P[1])&3 then shift[α]←m - 2;
else {if α&1 = P[0]&1 then shift[α]←m - 1; else shift[α]←m;}}}
// Additional Processing for Turbo - Q - Hash
// Searching
T[n...n + m - 1]←P;   pos←m - 1;
while true do
      {do{h←(T[pos - 3]≪3) + (T[pos - 2]≪2) + (T[pos - 1]≪1) + T[pos];
sh←shift[h];pos←pos + sh;} while sh≠0;// fast loop
if P = T[pos - m + 1...pos]then
{if pos < nthen Report(pos - m + 1);else RETURN;} // match loop
pos←pos + sh1;}
```

代码 3.2　$q=4$ 时 Turbo－Q－Hash 算法

3.4　Q－Hash 系列算法的时间复杂度分析

文献[100]中给出了 Wu－Manber 算法[72]的目前已知最好的平均时间复杂度上界，该时间复杂度上界为

$$O\left(\frac{n}{(m-q+1)\left(1-\frac{r(m-q+1)}{2h}\right)}\right),\ \text{Wu - Manber}$$

其中，h 为 Hash 表的容量。由于 Q－Hash 算法是 Wu－Manber 算法[72]在模式数目为 1 时的一个特例，因此可知 Q－Hash 算法的平均时间复杂度的一个显然的上界为

$$O\left(\frac{n}{(m-q+1)\left(1-\frac{m-q+1}{2*256}\right)}\right),\ Q\text{ - Hash}$$

这只能说明 Q－Hash 算法拥有亚线性的平均时间复杂度。但图 2－5 指出，Q－Hash 在时间复杂度对串匹配性能影响最大的二值文本上是目前性能最好的，甚至击败了已知拥有最优的平均时间复杂度的 BNDM 系列算法[60]。因此，有理由猜测，Q－Hash 可能拥有非常好的平均时间复杂度，甚至可能达到串匹配平均时间复杂度的下界。然而目前，对 Q－Hash 算法的平均时间复杂度分析尚属空白。本节对 Q－Hash 系列算法的时间复杂度进行分析，证明 Q－Hash 拥有最优的平均时间复杂度。

定理 3.1：若存在常数 $c>1$，使得 $q=m/c$，Q－Hash/SQ－Hash/TQ－Hash 算法的最优和最差时间复杂度均为 $O(nq/m)$ 和 $O(nm)$。

证明：在最优情况下，如在 a^n 中搜索 b^m，每个窗口都不会发生匹配。Q－Hash 系列算法每窗口内读入 q 个字符，并跳跃至少 $m-q+1$ 字符。故其最优时间复杂度为 $O(nq/(m-q$

$+1)) = O(nq/m)$。在最差情况下，如在 a^n 中搜索 a^m。每个窗口都发生匹配，Q – Hash 系列算法每个窗口需要读入 $m+q$ 个字符。读入后跳跃 1 字符。故其最差时间复杂度为 $O(n(m+q)) = O(mn)$。 □

在文献[117]中分析了一种采用 q – grams 技术的后缀匹配类算法 q – grams – Boyer – Moore – Horspool（以下简记为 qBMH）的时间复杂度。qBMH 在核心循环中使用串长为 q 的 BM 坏串规则进行跳跃，除不使用 Hash 机制外，其操作与 Q – Hash 系列算法一致。虽然该算法因过大的空间占用而无法应用于实际匹配中，但该文献证明在 $q = \Theta(\log_\sigma m)$，$q > \log_\sigma m$ 且 $m^2 < 2^m$（即 $m > 4$）时。q – grams Boyer – Moore – Horspool 可达到最优的平均时间复杂度 $O(n \log_\sigma m/m)$。现考虑借助该算法对 Q – Hash 系列算法在等概率模型下的平均时间复杂度进行分析。我们也尝试不借助 qBMH 来计算 Q – Hash 系列算法平均时间复杂度，并取得了相同的结果，但过程烦琐，本书不对其进行介绍。

引理 3.1：在等概率模型下，对 $\forall U, V, W \in \Sigma^q$，有 U, V, W 独立同分布，而且有 $P(\text{hash}(U) = \text{hash}(V)) = P(\text{hash}(U) = \text{hash}(W))$。

证明：记 U, V, W 分别为 $u_0u_1\ldots u_{q-1}, v_0v_1\ldots v_{q-1}, w_0w_1\ldots w_{q-1}, u_i, v_i, w_i \in \Sigma$。在等概率模型下，$u_i, v_i, w_i$ 独立同分布。显然 U, V, W 相互独立。故对任意给定的 U 有

$$P(U=V) = P(u_0=v_0, u_1=v_1, \ldots, u_{q-1}=v_{q-1}) = P(u_0=v_0)P(u_1=v_1)\ldots P(u_{q-1}=v_{q-1})$$
$$= P(u_0=w_0)P(u_1=w_1)\ldots P(u_{q-1}=w_{q-1}) = P(U=W).$$

因此，串 V, W 同分布。同理，U, V, W 独立同分布。又因 $V=W \Rightarrow \text{hash}(V) = \text{hash}(W)$，有 $P(U=V) = P(U=W) \Rightarrow P(\text{hash}(U) = \text{hash}(V)) = P(\text{hash}(U) = \text{hash}(W))$. □

根据引理 3.1 可知，对 $\forall U, V \in \Sigma^q$，$P(\text{hash}(U) = \text{hash}(V))$ 是一个常数，以下记此概率为 P_m。

引理 3.2：SQ – Hash 中，在等概率模型下，对 $\forall \alpha \in \Sigma'$ 和 $\forall U, V \in \Sigma^q$，有 $P(\text{hash}(U) = \alpha) = P(\text{hash}(V) = \sigma' - 1 - \alpha)$。

证明：记 $U = u_0u_1\ldots u_{q-1}$，$\text{hash}(U) = \alpha$。令 $V = (\sigma-1-u_0)(\sigma-1-u_1)\ldots(\sigma-1-u_{q-1})$，有 $\text{hash}(V) = 2^{q-1}(\sigma-1-u_0) + 2^{q-2}(\sigma-1-u_1) + \ldots + (\sigma-1-u_{q-1}) = (\sigma-1)(\sum_{i=0}^{q-1} 2^i) - (2^{q-1}u_0 + 2^{q-2}u_1 + \ldots + u_{q-1}) = \sigma' - 1 - \alpha$。

同理可知，反之亦然。

因此，在 Σ^q 中，满足 $\text{hash}(U) = \alpha$ 的串 U 与满足 $\text{hash}(V) = \sigma' - 1 - \alpha$ 的串 V 有相同的个数。又根据引理 3.1，在等概率模型下，$\forall U, V \in \Sigma^q$ 独立同分布。故有

$$P(\text{hash}(U) = \alpha) = P(\text{hash}(V) = \sigma' - 1 - \alpha)。\quad □$$

引理 3.3：S3 – Hash 中，在等概率模型下，若 σ 为 4 的倍数，对 $\forall U, V \in \Sigma^3$，$P_m = \Theta(1/\sigma')$。

证明：若串 U, V 发生疑似匹配，因 U, V 独立同分布，有

$$P_m = \sum_{\alpha \in \Sigma'} P(\text{hash}(U) = \text{hash}(V) = \alpha) = \sum_{\alpha \in \Sigma'} P^2(\text{hash}(U) = \alpha)。$$

记 $U = xyz$，有 $\text{hash}(U) = 4x + 2y + z$。因 $q = 3$，$\Sigma' = [0, 7\sigma - 7]$。这里记 $\Sigma_1 = [0, \sigma-1]$，$\Sigma_2 = [\sigma, 2\sigma-1]$，$\Sigma_3 = [2\sigma, 3\sigma-3]$，$\Sigma_4 = [3\sigma-2, 4\sigma-5]$，$\Sigma_5 = [4\sigma-4, 7\sigma-7]$。可见 $\Sigma' = \Sigma_1 \cup \Sigma_2 \cup \Sigma_3 \cup \Sigma_4 \cup \Sigma_5$，$\Sigma_1 \cup \Sigma_2 \cup \Sigma_3$ 与 Σ_5 在 Σ' 中对称，且对 $\forall \alpha \in \Sigma'$，$\alpha \in \Sigma_1 \cup \Sigma_2 \cup \Sigma_3$ 当且

仅当$\sigma' - 1 - \alpha \in \Sigma_5$。

根据引理2有：$\sum_{\alpha \in \Sigma_1 \cup \Sigma_2 \cup \Sigma_3} P^2(hash(U) = \alpha) = \sum_{\alpha \in \Sigma_5} P^2(\text{hash}(U) = \alpha)$。

因此，只需计算$\alpha \in \Sigma_1, \Sigma_2, \Sigma_3, \Sigma_4$这四种情况，即可得到$P_m$。

(1)$\alpha \in \Sigma_1$。记$\alpha = 4k + j,\ 0 \leqslant j < 3$，因$\sigma$为4的倍数，且$\Sigma_1 = [0, \sigma - 1]$，此时有$k = 0, 1, \ldots, \sigma/4 - 1$。

设$\alpha = 4k$。在x取$i\ (i \leqslant k)$时，因$4k - 4i < \sigma$，当y选择$0, 1, \ldots, (4k - 4i)/2$中任何值，总能找到$z < \sigma$，使得$2y + z = \alpha - 4i$。因此，$y$有$2(k - i) + 1$种可选。因此，在$\alpha = 4k$时，共有$\sum_{i=0}^{k}(2(k - i) + 1) = (k + 1)^2$种可选的$U$满足$\text{hash}(U) = \alpha$。

设$\alpha = 4k + 1$。考虑$\alpha = 4k$时，z只能选择$0, 2, 4, \ldots, \sigma - 2$，现将$\alpha = 4k$中每种可选的$U$中的字符$z$值加1，则有$4x + 2y + z = 4k + 1$，且满足$0 \leqslant z < \sigma$。反之，对每种满足$\text{hash}(U) = 4k + 1$的$U$，其$z$值只能选择$1, 3, 5, \ldots, \sigma - 1$，将每个$U$中的$z$值减1，则必有$4x + 2y + z = 4k$。因此，$\alpha = 4k + 1$时，可选的$U$的个数与$\alpha = 4k$时可选的$U$的个数相同，也为$(k + 1)^2$。

设$\alpha = 4k + 2$。在x取$i\ (i \leqslant k)$时，类似$\alpha = 4k$时的分析，y共有$0, 1, 2, \ldots, (4k - 4i)/2, (4k + 2 - 4i)/2$共$2(k - i) + 2$种选择。因此共有$\sum_{i=0}^{k}(2(k - i) + 2) = k^2 + 3k + 2$种可选的$U$满足$\text{hash}(U) = \alpha$。

设$\alpha = 4k + 3$。类似$\alpha = 4k + 1$时的分析，可选U的个数同上为$k^2 + 3k + 2$。

(2)$\alpha \in \Sigma_2$。记$\alpha = 4k + j,\ 0 \leqslant j < 3$，因$\sigma$为4的倍数，且$\Sigma_2 = [\sigma, 2\sigma - 1]$，此时有$k = \sigma/4, \sigma/4 + 1, \ldots, \sigma/2 - 1$。

设$\alpha = 4k/4k + 1$。在x取$i\ (i \leqslant k - \sigma/4)$时，$2y + z \geqslant \sigma$。因此，$y$已无法取0。事实上因$z < \sigma$，$y$的取值范围为$[(4k - 4i - \sigma)/2, (4k - 4i)/2]$，共$\sigma/2$种可选。而在$x$取$i\ (i > k - \sigma/4)$时，因$2y + z < \sigma$。类似$\alpha \in \Sigma_1$时分析，$y$的取值范围为$0, 1, 2, \ldots, (4k - 4i)/2$共$2(k - i) + 1$种可选。因此，此时满足$\text{hash}(U) = \alpha$的可选的$U$的总数为

$$\sum_{i=0}^{k-\sigma/4}\left(\frac{\sigma}{2}\right) + \sum_{i=k-\sigma/4+1}^{k}(2(k - i) + 1) = \frac{\sigma k}{2} + \frac{\sigma^2}{16} + \frac{\sigma}{2}。$$

设$\alpha = 4k + 2/4k + 3$，在x取$i\ (i \leqslant k - \sigma/4)$时，$y$同样有$\sigma/2$种可选。而在$x$取$i\ (i > k - \sigma/4)$时，$y$共有$0, 1, 2, \ldots, (4k - 4i)/2, (4k + 2 - 4i)/2$共$2(k - i) + 2$种选择。因此，此时满足$\text{hash}(U) = \alpha$的可选的$U$的总数为

$$\sum_{i=0}^{k-\sigma/4}\left(\frac{\sigma}{2}\right) + \sum_{i=k-\sigma/4+1}^{k}(2(k - i) + 2) = \frac{\sigma k}{2} + \frac{\sigma^2}{16} + \frac{3}{4}\sigma。$$

(3)$\alpha \in \Sigma_3$。记$\alpha = 4k + j,\ 0 \leqslant j < 3$，因$\sigma$为4的倍数，且$\Sigma_3 = [2\sigma, 3\sigma - 3]$，此时在$\alpha = 4k/4k + 1$时有$k = \sigma/2, \sigma/2 + 1, \ldots, 3\sigma/4 - 1$。而在$\alpha = 4k + 2/4k + 3$时有$k = \sigma/2, \sigma/2 + 1, \ldots, 3\sigma/4 - 2$。

设$\alpha = 4k/4k + 1$。在x取$i\ (i \leqslant k - \sigma/2)$时，$\alpha - 4i \geqslant 2\sigma$，此时，$y$已无法取到$(4k - 4i)/2$，其取值范围为$((4k - 4i - \sigma)/2, \sigma)$，共$\sigma/2 - 2(k - i) - 1$种。而其他情况时，与$\alpha \in \Sigma_2$时一致。因此，此时满足$\text{hash}(U) = \alpha$的可选的$U$的总数为

$$\sum_{i=0}^{k-\sigma/2}(\sigma/2 - 2(k - i) - 1) + \sum_{i=k-\sigma/2+1}^{k-\sigma/4}\left(\frac{\sigma}{2}\right) + \sum_{i=k-\sigma/4+1}^{k}(2(k - i) + 1) = \frac{\sigma k}{2} - \frac{\sigma^2}{16} + \frac{\sigma}{2} -$$

$(k-\frac{\sigma}{2}+1)^2$，同理，设 $\alpha=4k+2/4k+3$，可选的 U 的总数为

$$\sum_{i=0}^{k-\sigma/2}(\sigma/2-2(k-i)-2)+\sum_{i=k-\sigma/2+1}^{k-\sigma/4}(\sigma/2)+\sum_{i=k-\sigma/4+1}^{k}(2(k-i)+2)$$
$$=\frac{\sigma k}{2}-\frac{\sigma^2}{16}+\frac{3}{4}\sigma-(k-\frac{\sigma}{2}+1)(k-\frac{\sigma}{2}+2)。$$

(4) $\alpha\in\Sigma_4$。$|\Sigma_4|=\sigma-2$。类似以上分析有，对 $\forall\alpha\in\Sigma_4$，有 $\sigma^2/4$ 种可选的 U 满足 $\mathrm{hash}(U)=\alpha$。

以 $\Sigma=\{0,1,2,3,4,5,6,7\}$ 为例，对 Σ^3 中共 512 个串计算 Hash 值，得到各 Hash 值的串的个数(如 Hash 值为 6 的串有 006、014、022、030、102、110 共 6 种)如表 3 – 2 所示。这里由于对 Hash 值 $k=2n$ 和 $k=2n+1$，得到这两个 Hash 值的串的个数一致，这里没有列出 Hash 值为奇数的情况。真实值和理论值的计算结果完全一致。我们利用 matlab 统计了 σ 值为 4 至 256 中所有 4 的倍数的情况，均与理论值一致，限于篇幅不列出具体数据。

表 3 – 2　在 $\Sigma=\{0,1,2,3,4,5,6,7\}$ 时，得到各 Hash 值的串的个数

Hash 值	0	2	4	6	8	10	12	14	16	18	20	22	24	26
实际值	1	2	4	6	8	10	12	14	15	16	16	16	16	16
理论值	1	2	4	6	8	10	12	14	15	16	16	16	16	16
Hash 值	28	30	32	34	36	38	40	42	44	46	48	50	52	…
实际值	16	16	15	14	12	10	8	6	4	2	1	0	0	0
理论值	16	16	15	14	12	10	8	6	4	2	1	0	0	0

以上分析可得到 $P(\mathrm{hash}(U)=\alpha)$，$for\ \forall\alpha\in\Sigma'$，进而有

$$P_m=2(\sum_{\alpha\in\Sigma_1}P^2(\mathrm{hash}(U)=\alpha)+\sum_{\alpha\in\Sigma_2}P^2(\mathrm{hash}(U)=\alpha)+\sum_{\alpha\in\Sigma_3}P^2(\mathrm{hash}(U)=\alpha))$$
$$+\sum_{\alpha\in\Sigma_4}P^2(\mathrm{hash}(U)=\alpha)=\frac{1}{\sigma^6}(2\times2\times\sum_{k=0}^{\sigma/4-1}((k+1)^2)^2+2\times2\times\sum_{k=0}^{\sigma/4-1}((k^2+3k+2)^2)$$
$$+2\times2\times\sum_{k=\sigma/4}^{\sigma/2-1}(\frac{\sigma k}{2}+\frac{\sigma^2}{16}+\frac{\sigma}{2})^2+2\times2\times\sum_{k=\sigma/4}^{\sigma/2-1}(\frac{\sigma k}{2}+\frac{\sigma^2}{16}+\frac{3}{4}\sigma)^2+2\times2\times\sum_{k=\sigma/2}^{3\sigma/4-1}$$
$$(\frac{\sigma k}{2}+\frac{\sigma^2}{16}+\frac{\sigma}{2}-(k-\frac{\sigma}{2}+1)^2)^2+2\times2\times\sum_{k=\sigma/2}^{3\sigma/4-2}(\frac{\sigma k}{2}+\frac{\sigma^2}{16}+\frac{3}{4}\sigma-(k-\frac{\sigma}{2}+1)(k-\frac{\sigma}{2}+2))^2+$$
$$(\sigma-2)(^)2)=\frac{1}{\sigma^6}(\frac{19}{96}\sigma^5+\frac{3015}{512}\sigma^4+O(\sigma^3))=\frac{19}{96}(\frac{\sigma'}{7}+1)^{-1}+\frac{3015}{512}(\frac{\sigma'}{7}+1)^{-2}+O(\sigma^{-3})=$$
$$1.385\frac{1}{\sigma'}+O(\frac{1}{\sigma'^2})=\Theta(\frac{1}{\sigma'})。$$
□

引理 3.4：SQ – Hash 中，在等概率模型下，若 σ 为 4 的倍数，对 $\forall U,V\in\Sigma^q$，$P_m=\Theta(1/\sigma')$。

证明：随着 q 的增加，Hash 均匀性递增，因 $\sum_{\alpha\in\Sigma'}P(\mathrm{hash}(U)=\alpha)=1$，$\sum_{\alpha\in\Sigma'}P^2(\mathrm{hash}(U)=\alpha)$ 将随着 Hash 均匀性增加而递减。而在 $m\gg q$，$q\to\infty$时，Hash 趋向完全均匀。此时

$$P_m=\sum_{\alpha\in\Sigma'}P^2(\mathrm{hash}(U)=\alpha)=\sigma'(\frac{1}{\sigma'})^2=\frac{1}{\sigma'}。$$

故 $1.385\frac{1}{\sigma'}+O(\frac{1}{\sigma'^2})\geqslant P_m>\frac{1}{\sigma'}$，即 $P_m=\Theta(1/\sigma')$.
□

引理 3.5：记 SQ – Hash 核心循环(fast loop)的平均跳跃距离为 $E(shift)$，qBMH 的核心循环的平均跳跃距离为 $E(qbmh\_shift)$。则在等概率模型下，若 σ 为 4 的倍数，且 $(m-q+2)P_m<1$，则 $E(shift)=\Theta(E(qbmh\_shift))$。

证明：在 SQ – Hash 中，$shift[hash(U)]=k\ (k=0,1,\ldots,m-q)$ 说明 P 的后 k 个长为 q 的子串与 U 均不发生疑似匹配，而 P 的自后向前第 $k+1$ 个长为 q 的子串与 U 疑似匹配。而 $fac_q(P)$ 中所有串与 U 均不发生疑似匹配时，$k=m-q+1$。因此有

$$E(shift)=\sum_{k=0}^{m-q}k\,(1-P_m)^kP_m+(m-q+1)(1-P_m)^{m-q+1}=(P_m^{-1}-1)[1-(1-P_m)^{m-q+2}]。$$

同理，记 qBMH 中跳跃距离表为 $qbmh\_shift$，则 $qbmh\_shift[U]=k\ (k=0,1,\ldots,m-q)$ 说明 P 的后 k 个长为 q 的子串均不与 U 发生匹配，而 P 的自后向前第 $k+1$ 个长为 q 的子串与 U 发生匹配。而 $fac_q(P)$ 中所有子串均与 U 不发生匹配时，$k=m-q+1$。在等概率模型下，任意长为 q 的子串发生匹配的概率为 σ^{-q}，因此有

$$E(qbmh\_shift)=\sum_{k=0}^{m-q}k\,(1-\sigma^{-q})^k\sigma^{-q}+(m-q+1)(1-\sigma^{-q})^{m-q+1}$$
$$=(\sigma^q-1)(1-(1-\sigma^{-q})^{m-q+2}).$$

由于 Hash 碰撞的原因，$P_m>\sigma^{-q}$。若 $(m-q+2)P_m<1$，必有 $(m-q+2)\sigma^{-q}<1$。则根据二项式展开有

$$\frac{E(shift)}{E(qbmh\_shift)}=\frac{(P_m^{-1}-1)[1-(1-P_m)^{m-q+2}]}{(\sigma^q-1)[1-(1-\sigma^{-q})^{m-q+2}]}$$
$$=\frac{(P_m^{-1}-1)((m-q+2)P_m-C_{m-q+2}^2P_m^2+O((P_m(m-q+2))^3))}{(\sigma^q-1)((m-q+2)\sigma^{-q}-C_{m-q+2}^2(\sigma^{-q})^2+O((m-q+2/\sigma^q)^3))}$$
$$=\frac{(P_m^{-1}-1)O((m-q+2)P_m)}{(\sigma^q-1)O((m-q+2)\sigma^{-q})}=O(\frac{1-P_m}{1-\sigma^{-q}})。$$

根据引理 4，$P_m=\Theta(1/\sigma')$。因此，上式可继续化简为 $O(\frac{\Theta(\sigma')-1}{\Theta(\sigma')}\frac{\sigma^q}{\sigma^q-1})=O(1)$。

同理，$\frac{E(qbmh\_shift)}{E(shift)}=O(1)$。

因此，$E(shift)=\Theta(E(qbmh\_shift))$。 □

引理 3.6：记 SQ – Hash 中 match loop 的平均跳跃距离为 $E(sh1)$，记 qBMH 的 match loop 的平均跳跃距离为 $E(qbmh\_sh1)$。则在等概率模型下，若 $(m-q+1)P_m<1$，则 $E(sh1)=\Theta(E(qbmh\_sh1))$.

证明：$sh1$ 为 $\mathrm{fac_q}(P)-\{\mathrm{suff_q}(P)\}$ 中自后向前首个与 U 发生疑似匹配的串与 $P_{suf}(q)$ 的距离。$sh1=k(k=1,2\ldots m-q)$ 表示 $\mathrm{suff_q}(P)$ 前 $k-1$ 个长为 q 的子串与 U 不发生疑似匹配，而 $\mathrm{suff_q}(P)$ 前第 k 个子串与 U 发生疑似匹配。若 $\mathrm{fac_q}(P)-\{\mathrm{suff_q}(P)\}$ 中没有串与 U 发生疑似匹配，则 $sh1=m-q+1$。因此有：

$$E(sh1)=\sum_{k=1}^{m-q}k\,(1-P_m)^{k-1}P_m+(m-q+1)(1-P_m)^{m-q}=P_m^{-1}(1-(1-P_m)^{m-q+1})。$$

同理，有 $E(qbmh\_sh1)=\sigma^q(1-(1-\sigma^{-q})^{m-q+1})$。

在 $(m-q+1)P_m<1$ 时，因 $P_m>\sigma^{-q}$，$(m-q+1)\sigma^{-q}<1$。根据二项式展开

$$\frac{E(sh1)}{E(qbmh\_sh1)}=\frac{P_m^{-1}((m-q+1)P_m-C_{m-q+1}^2P_m^2+O(((m-q+1)P_m)^3))}{\sigma^q((m-q+1)\sigma^{-q}-C_{m-q+1}^2(\sigma^{-q})^2+O((m-q+1/\sigma^q)^3))}$$

$$=\frac{P_m^{-1}O((m-q+1)P_m)}{\sigma^qO((m-q+1)\sigma^{-q})}=\frac{O(m-q+1)}{O(m-q+1)}=O(1)。$$

同理，$\frac{E(qbmh\_sh1)}{E(sh1)}=O(1)$。

因此 $E(sh1)=\Theta(E(qbmh\_sh1))$。 □

引理 3.7：当 $m<2^{q-1}\sigma+q-2$ 时，$(m-q+2)P_m<1$。

证明：根据引理 3.3、3.4，在 σ 为 4 的倍数时，有 $P_m<2/\sigma'$。因此，在 $m-q+2<2^{q-1}\sigma$ 时，必有 $(m-q+2)P_m<1$，且 $(m-q+2)\sigma^{-q}<1$。 □

定理 3.2：在等概率模型下，若 σ 是 4 的倍数，$4<m<2^{q-1}\sigma+q-2$，且 $q=\Theta(\log_\sigma m)$，则在匹配中 SQ - Hash/TQ - Hash 的平均时间复杂度能达到串匹配最优的平均时间复杂度 $O(n\log_\sigma m/m)$。

证明：SQ - Hash 和 qBMH 两个算法的 fast loop 中字符读入个数均固定为 q。而它们的 match loop 中，两者动作一致。因此，在等概率模型下，两算法字符读入个数的期望相等［均为 $O(1)$，计算过程略］。又根据引理 3.5、3.6，在 $m-q+2<2^{q-1}\sigma$ 时，两个算法的 fast loop、match loop 中的平均跳跃距离同阶。因此，两个算法拥有一样的平均时间复杂度 $O(n\log_\sigma m/m)$。

TQ - Hash 具有比 SQ - Hash 更大的平均跳跃距离，而其他参数均一致。因此，TQ - Hash 的平均时间复杂度不差于 SQ - Hash ，TQ - Hash 也拥有最优的平均时间复杂度。 □

在等概率模型下，因对 $\forall U,V,W\in\Sigma^q$，U,V,W 独立同分布，则 $P(U=V)=P(U=W)$，进而有：$P(\text{hash}(U)\&255=\text{hash}(V)\&255)=P(\text{hash}(U)\&255=\text{hash}(W)\&255)$。

故在 Q - Hash 中，对 $\forall U,V\in\Sigma^q$，发生疑似匹配的概率也是一个常数，以下记此概率为 P_m'。

定理 3.3：在 Q - Hash 中，若 $(m-q+2)P_m'<1$，$q=\Theta(\log_\sigma m)$ 时，Q - Hash 的平均时间复杂度能达到串匹配最优的平均时间复杂度 $O(n\log_\sigma m/m)$。

证明：类似于引理 3.5、3.6 的证明过程，在 $(m-q+2)P_m'<1$ 时，Q - Hash 中同样有以下关系

因 $P_m'<0.5$，$\frac{E(shift)}{E(qbmh\_shift)}=O(\frac{1-P_m'}{1-\sigma^{-q}})=O(1)$。同理有 $\frac{E(qbmh\_shift)}{E(shift)}=O(\frac{1-\sigma^{-q}}{1-P_m'})$ $=O(1)$，$\frac{E(sh1)}{E(qbmh\_sh1)}=O(1)$，$\frac{E(qbmh\_sh1)}{E(sh1)}=O(1)$。因此，$E(shift)=\Theta(E(qbmh\_shift))$ 且 $E(sh1)=\Theta(E(qbmh\_sh1))$。根据定理 2 证明过程可知，$Q$ - Hash 的平均时间复杂度也能达到串匹配最优的平均时间复杂度 $O(n\log_\sigma m/m)$。 □

由于 Q - Hash 中 &255 操作的引入，在未知 σ 的情况下，无法计算出 P_m' 的具体值。但推测在 m 较小时，$P_m'=\Theta(\max(P_m,1/256))$。从而在实际匹配中，匹配中大多数情况仍满足 $(m-q+2)P_m'<1$ 的条件。因此在实际匹配中，可按照定理 3.3 对 Q - Hash 进行分析。

定理 3.4：若 $\sigma=2$，Σ 中两个字符的编码连续时（如 {0,1}，{a,b} 等），并且 Σ 中两个字

符等概率出现，在 $q=\Theta(\lg m)$ 且 $q>\lg m$ 时，对 $\forall m>4$，$SQ-\text{Hash}/TQ-\text{Hash}$ 可达到最优的平均时间复杂度 $O(n\lg m/m)$。若 $q<8$，对任意 $m>4$，$Q-\text{Hash}$ 也能达到此平均时间复杂度。

证明：设字符集 $\hat{\Sigma}$ 为 ASCII 字符集中的{'\0','\1'}（假定串结束符为其他字符），这两个字符的编码只有最末位不同，而其他位均为 0。对 $\forall \hat{u}\in\hat{\Sigma}$ 有，${}^{0}u\hat{}=0\Leftrightarrow\hat{u}='\backslash 0'$，${}^{0}u\hat{}=1\Leftrightarrow\hat{u}='\backslash 1'$。而对 $\forall \hat{U},\hat{V}\in\hat{\Sigma}^{q}$，$\hat{U}=\hat{u}_0\hat{u}_1...\hat{u}_{q-1}$，$\hat{V}=\hat{v}_0\hat{v}_1...\hat{v}_{q-1}$，参考图 3－2 可发现

${}^{0}\text{hash}(\hat{U})={}^{0}u\hat{}_{q-1}$，${}^{1}\text{hash}(\hat{U})={}^{0}u\hat{}_{q-2}+0={}^{0}u\hat{}_{q-2}$，$\text{hash}(\hat{U})^{2}={}^{0}u\hat{}_{q-3}+0+0={}^{0}u\hat{}_{q-3}$，...

即 ${}^{i}\text{hash}(\hat{U})={}^{0}u_{q-i-1}$。因此有

$$\text{hash}(\hat{U})=\text{hash}(\hat{V})\Leftrightarrow for\ \forall i<q,{}^{i}\text{hash}(\hat{U})={}^{i}\text{hash}(\hat{V})\Leftrightarrow$$

$$for\ \forall i<q,{}^{0}u\hat{}_{i}={}^{0}v\hat{}_{i}\Leftrightarrow for\ \forall i<q,\hat{u}=\hat{v}\Leftrightarrow\hat{U}=\hat{V}。$$

设字符集 Σ 为{$c+'\backslash 0',c+'\backslash 1'$}（$c$ 为固定常数），对 $\forall U,V\in\Sigma^{q}$，设 $U=u_0u_1...u_{q-1}$，$V=v_0v_1...v_{q-1}$，并设 $\hat{U}=(u_0-c)(u_1-c)...(u_{q-1}-c)$，$\hat{V}=(v_0-c)(v_1-c)...(v_{q-1}-c)$，显然 $\hat{U},\hat{V}\in\hat{\Sigma}^{q}$. 因此有

$$\text{hash}(U)=\text{hash}(V)\Leftrightarrow\text{hash}(\hat{U})+c(\sum_{i=0}^{q-1}2^{i})=\text{hash}(\hat{V})+c(\sum_{i=0}^{q-1}2^{i})$$

$$\Leftrightarrow\text{hash}(\hat{U})=\text{hash}(\hat{V})\Leftrightarrow\hat{U}=\hat{V}\Leftrightarrow U=V。$$

因此，在 $\sigma=2$ 且 Σ 中两字符编码连续时，两个串的 Hash 值相同可以确定这两个串匹配。此时 $SQ-\text{Hash}$ 等效于采用标准的 BM 坏串规则进行跳跃。

因此，$SQ-\text{Hash}$ 和 qBMH 两个算法在 fast loop 和 match loop 中有相同的跳跃距离，又 fast loop 中，两个算法均读入 q 个字符，match loop 中，两算法动作一致，有一样的平均字符读入数。因此两个算法有相同的时间复杂度。故在 $q=\Theta(\lg m)$ 且 $m>4$ 时，$SQ-\text{Hash}$ 可达到最优的平均时间复杂度 $O(n\lg m/m)$。

$TQ-\text{Hash}$ 的时间复杂度不差于 $SQ-\text{Hash}$，因此 $TQ-\text{Hash}$ 的平均时间复杂度也为 $O(n\lg m/m)$。

在 $\sigma=2$ 且 Σ 中两个字符的编码连续时，$Q-\text{Hash}$ 中有

$$\text{hash}(U)\&255=\text{hash}(V)\&255$$

$$\Leftrightarrow(\text{hash}(\hat{U})+c(\sum_{i=0}^{q-1}2^{i}))\bmod 256=(\text{hash}(\hat{V})+c(\sum_{i=0}^{q-1}2^{i}))\bmod 256。$$

从而根据同余基本性质可知 $\text{hash}(\hat{U})\equiv\text{hash}(\hat{V})\pmod{256}$，又在 $q<8$ 时，$\text{hash}(\hat{U})$，$\text{hash}(\hat{V})$ 均小于 256。因此有：

$$\text{hash}(U)\&255=\text{hash}(V)\&255\Leftrightarrow\text{hash}(\hat{U})=\text{hash}(\hat{V})\Leftrightarrow\hat{U}=\hat{V}\Leftrightarrow U=V。$$

因此，$Q-\text{Hash}$ 在 $q=\Theta(\lg m)$，$q<8$ 且 $m>4$ 时平均时间复杂度也能达到 $O(n\lg m/m)$。

□

若二值文本中两个字符编码连续不满足，则可修正 $Q-\text{Hash}$ 系列算法的 Hash 方法，在

读入字符时增加 $O(1)$ 的查表操作将读入字符的字符集转换至 $\hat{\Sigma}$，此时时间复杂度不会改变。

因计算机内处理的字符集大小一般为 2 的整数次幂，定理 3.1 至 3.4 回答了 Q – Hash 系列算法的时间复杂度问题，提出 Q – Hash 系列算法拥有最优的平均时间复杂度。而据我们所知，目前已证明达到平均时间复杂度下界的串匹配算法大多属于子串匹配类算法，现有实用后缀匹配类算法均只能保证亚线性的平均时间复杂度。Q – Hash 系列算法是首个被证明达到了最优的平均时间复杂度的 Hash 类算法和实用后缀匹配类算法。

3.5　Wu – Manber 系列算法的时间复杂度分析

因 Q – Hash 是 Wu – Manber[72] 的单模式特例，现用类似的方法分析 Wu – Manber 的平均时间复杂度。Wu – Manber 系列算法是目前使用最为广泛的多模式串匹配算法，在大字符集下有较高的匹配性能。但自从 1994 年发表以来，Wu – Manber 被广泛认为只拥有接近平均时间复杂度下界的亚线性平均时间复杂度。Wu – Manber 是否能达到多模式匹配平均时间复杂度的下界，是本领域的一个著名开放问题。本节中提出的结论回答了这个开放问题，有重要的理论意义。

文献[117]中提供了一个分析 q – garms 串匹配算法平均时间复杂度的重要工具，现对其进行介绍。

由于匹配的过程采用滑动窗口机制完成，文本可以分割成为若干相互存在重叠的窗口，而这些窗口可以分为好窗口和坏窗口两类。其中窗口最末 q 字符组成的字符串（记该字符串为一个 q – gram）未在模式中出现，该窗口为好窗口，其他情况，窗口为坏窗口。

该文献指出，任意自后向前匹配的 q – grams 串匹配算法可以通过两个常数 A,B 和三个函数 $s(\cdot)$，$f(m,\cdot)$，$g(q)$ 进行定义。

定义窗口为坏窗口的概率最大为 $\frac{m \cdot s(\cdot)}{\sigma^{A \cdot q}}$，其中，$s(\cdot)$ 和 A 的具体值依赖所使用的串匹配算法，$s(\cdot)$ 的参数也依赖具体匹配算法。通常情况，$A=1$ 并且 $s(\cdot)$ 为 Σ^q 中匹配给定 q – gram 串的个数的上界。

函数 $f(m,\cdot)$ 为好窗口中跳跃的平均距离。

函数 $g(q)$ 是一个 q – gram 的长度，一般来说 $g(q)=q$，而在高维字符串匹配中，$g(q)<q$。

要求在好窗口中，在 $O(q)$ 的时间内可以完成跳跃。现有算法均能满足。

坏窗口的检查动作可以在 $O(m^B \cdot s(\,)^B)$ 的期望时间内完成检查，并产生至少一个字符的跳跃。 □

在以上定义的基础上有如下定理。

定理 3.5：[117] 若 $q > \frac{B+1}{A}\log_\sigma(m \cdot s(\,))$ 并且 $g(q) < f(m,\cdot)$，自后向前匹配的 q – grams 串匹配算法的平均时间复杂度为 $O(\frac{n}{f(m,\cdot)} \cdot q)$。

由于 Wu－Manber 中引入了 Hash 机制，因存在 Hash 冲突，可能造成窗口最末 q－gram 未在模式中出现，窗口仍然是坏窗口的现象。因此，Wu－Manber 不满足上述定义，无法直接使用该定理进行平均时间复杂度的分析。参考上节中分析 Q－Hash 算法的思路，可借助一个标准的 q－grams 算法来完成时间复杂度分析。为此现将 BMHq 算法推广到多模式匹配领域，提出了 Set BMHq 算法，并借助 Set BMHq 算法完成 Wu－Manber 算法的时间复杂度分析。Set BMHq 算法只具有理论意义，因空间占用非常大，该算法并不是一个可以实用的算法。该算法的描述如下。

算法只采用 BM 坏串规则进行跳跃，在预处理的过程中，为 Σ^q 中所有串建立跳跃距离表，跳跃距离由多模式 BM 坏串规则确定。其中，多模式 BM 坏串规则的跳跃距离被定义为

$shift[U]=\min(\{k \mid P_i[m-q-k...m-1-k]=U, 0\leqslant i<r\}\cup\{m-q+1\})$。

匹配阶段的伪代码如代码 3.3 所示：

```
while(pos < n) do
U←T[pos - q + 1...pos];
while(shift[U] ≠0) //fast loop
{pos←pos + shift[U];U←T[pos - q + 1...pos];}
match the window with Trie;   //match loop
pos←pos + 1;
```

代码 3.3　Set BMHq 匹配动作

根据上述定义，现计算 Set BMHq 算法的对应参数。

在 Set BMHq 中，若不考虑重复 q－gram，在 r 个模式串中存在 $r\cdot(m-q+1)$ 个 q－gram；若考虑在 r 个模式串中存在重复的 q－gram，r 个模式中不重复的 q－gram 的总数将少于 $r\cdot(m-q+1)$ 个。又根据引理 3.1，$\forall U\in\Sigma^q$ 独立同分布。

因此，窗口为坏窗口的概率不大于 $\frac{r(m-q+1)}{\sigma^q}$，即 $A=1$ 且 $s(m,q,r)=\frac{r(m-q+1)}{m}$。

Set BMHq 好窗口的跳跃距离为 $m-q+1$，因此，$f(m,q)=m-q+1$。

显然在 Set BMHq 中 $g(q)=q$。

当窗口是坏窗口时，设 U 为窗口最末 q 个字符组成的字符串。若 $shift[U]\neq 0$，只需读入 U 即可完成跳跃，若 $shift[U]=0$，不但要读入窗口最末 q 个字符，还需在窗口自左向右读入字符，并检查读入字符串是否在 Trie 中出现。这里设自左向右读入的字符的个数为 x。若 $x=q=\Theta(\log_\sigma(rm))$，则读入串将有 $\sigma^{\Theta\log_\sigma(mr)}=\Theta(mr)$ 种可能，而 P 中共有 r 个串，可见，$E(x)\leqslant q$。因此，在最坏情况下，坏窗口中字符读入个数的期望小于 $2q$。坏窗口中的检查动作可以在 $O(2q)$ 的时间内完成，若取 $q=\Theta(\log_\sigma(rm))$，因对 $\forall B>0$，均

有 $O(m^B\cdot(\frac{r(m-q+1)}{m})^B)>O(2\log_\sigma(rm))$，所以在 Set BMH$q$ 中，常数 B 为 0。

由此，有如下定理

定理 3.6：若 $q=\Theta(\log_\sigma(rm))$，且 $q>\log_\sigma(r(m-q+1))$ 且 $q<m/2$，Set BMHq 在等概率模型下的平均时间复杂度为

$$O(\frac{n}{m-q+1}\cdot q)=O(n\log_\sigma(rm)/m)。$$

由于 Wu - Manber 算法并未规定具体使用的 Hash 函数，这里可选择和 SQ - Hash 算法一致的 Hash 函数。由于引理 3.1、引理 3.2、引理 3.3、引理 3.4 根据该 Hash 函数的相关性质提出，显然，使用和 SQ - Hash 函数的 Wu - Manber 算法满足这四条引理。

引理 3.8：记采用 SQ - Hash 算法所采用的 Hash 算法时的 Wu - Manber 算法的核心循环(fast loop)的平均跳跃距离为 $E(shift)$，Set BMHq 的核心循环的平均跳跃距离为 $E(Sbmhq\_shift)$。则在等概率模型下，若 σ 为 4 的倍数，且 $q>\lg(4mr/(\sigma-1))$，则 $E(shift)=\Theta(E(Sbmhq\_shift))$。

证明：在 Wu - Manber 算法中，$shift[hash(U)]=k$ 说明对 $\forall P_i, i<r$，这些模式的后 k 个 q - gram均不与 U 发生疑似匹配，而 $\exists P_j, j<r$，该模式的自后向前第 $k+1$ 个 q - gram 和 U 发生疑似匹配。在模式中所有 q - gram 独立同分布，两个 q - gram 发生疑似匹配的概率是一个常数 P_m。因此有

$$P(shift[hash(U)]=k)=((1-P_m)^r)^k(1-(1-P_m)^r), k<m-q+1,$$

$$P(shift[hash(U)]=m-q+1)=((1-P_m)^r)^{m-q+1}。$$

这里记 $(1-P_m)^r=\theta$，有

$$E(shift)=\sum_{k=0}^{m-q}(k\theta^k(1-\theta))+(m-q+1)\theta^{m-q+1}=\frac{\theta}{1-\theta}(1-\theta^{m-q+2})$$

记 $(1-\sigma^{-q})^r=\mu$，同理有

$$E(Sbmhq\_shift)=\sum_{k=0}^{m-q}(k\mu^k(1-\mu))+(m-q+1)\mu^{m-q+1}=\frac{\mu}{1-\mu}(1-\mu^{m-q+2})$$

在 $r(m-q+1)P_m<1$ 时，此时必有 $r(m-q+1)\sigma^{-q}<1$，并根据引理 3.4，$P_m<2(\sigma')^{-1}$，对 $m>4$，必有 $1-rP_m>0.5$，$1-r\sigma^{-q}>0.5$。因此，根据二项式展开有

$$\frac{E(shift)}{E(Sbmhq\_shift)}=O((\frac{\theta}{1-\theta}(1-\theta^{m-q+2}))/(\frac{\mu}{1-\mu}(1-\mu^{m-q+2})))=O(\frac{1-rP_m}{1-r\sigma^{-q}})=O(1)。$$

鉴于 $m-q+1<m$，$P_m<2(\sigma')^{-1}$，有 $r(m-q+1)P_m<rm\cdot 2(\sigma')^{-1}$。因此当 $rm\cdot 2(\sigma')^{-1}=2rm(2^{q-1}(\sigma-1))^{-1}<1$，即 $q>\lg(4mr/(\sigma-1))$ 时，必能保证 $r(m-q+1)P_m<1$。

同理，在 $q>\lg(4mr/(\sigma-1))$ 时，有 $\frac{E(Sbmhq\_shift)}{E(shift)}=O(1)$。

因此，在 $q>\lg(4mr/(\sigma-1))$ 时，$E(shift)=\Theta(E(Sbmhq\_shift))$。 □

从而有以下定理。

定理 3.7：在等概率模型下，若 $\sigma=2$ 或 σ 是 4 的倍数，$m>4$ 且 $q=\Theta(\log_\sigma rm)$ 并且 $m/2>q>\max\{\lg(4mr/(\sigma-1)), \log_\sigma(r(m-q+1))\}$，在匹配中采用和 SQ - Hash 算法一致的 Hash 函数的 Wu - Manber 算法的平均时间复杂度能达到串匹配平均时间复杂度的下界 $O(n\log_\sigma(rm)/m)$。

证明：Wu - Manber 算法的 fast loop 和 Set BMHq 算法的 fast loop 中字符读入个数一致，都为 q，跳跃距离的期望同阶。Wu - Manber 算法的 match loop 和 Set BMHq 的 match loop 的匹配动作一致，字符读入个数的期望也一致，Set BMHq 在 match loop 中跳跃距离为 1，而 Wu - Manber中跳跃距离不小于 1（若引入 Horspool 算法机制，在 match loop 中发现窗口不匹配时，也能继续跳跃，该跳跃距离大于 1）。因此，Wu - Manber 算法的平均时间复杂度不差

于 Set BMHq，Wu – Manber 也能达到多模式匹配算法平均时间复杂度的下界。

定理 3.4 的证明过程中证明，在二值文本上，SQ – Hash 的 Hash 函数是一个不会发生冲突的 Hash 函数，因此在 fast loop 中，采用和 SQ – Hash 的 Hash 函数一致的 Wu – Manber 算法和 Set BMHq 必然有相同的跳跃能力，两者平均时间复杂度一致，因此在二值文本上，采用和 SQ – Hash 的 Hash 函数一致的 Wu – Manber 算法也必然能达到多模式匹配算法平均时间复杂度的下界，其边界条件和 Set BMHq 算法的边界条件也一致。 □

上述关于 Wu – Manber 算法平均时间复杂度的相关分析表明，存在能达到多模式匹配时间复杂度下界的 Wu – Manber 算法。由于 SQ – Hash 所采用的 Hash 算法是一个冲突概率很高的 Hash 算法，若能采用更加均匀的 Hash 算法，显然，这时候的 Wu – Manber 算法的平均时间复杂度将不差于使用采用和 SQ – Hash 的 Hash 函数一致的 Wu – Manber 算法，也同样能达到多模式匹配算法平均时间复杂度的下界。其他可使 Wu – Manber 达到多模式匹配算法平均时间复杂度的下界的 Hash 函数还需要进一步探索。

3.6 实验数据

在 2.5.4 节中所述平台下，本节测试了 Q – Hash 算法、文献[70]中所述 Hash 表容量限制为 4096 的 Q – Hash 算法，SQ – Hash 算法、TQ – Hash 算法，实验数据由表 3 – 3 至表 3 – 9 给出。这几个算法都是 q – grams 算法，由于 q 值不同，算法性能差别很大，数据中只给出性能最高的算法的性能，并列出对应 q 值。

实验数据表明，本章所述的改进算法在除 $\sigma = 254$，且模式较长的情况下，性能均高于基础的 Q – Hash 算法。特别是在模式较短的时候，TQ – Hash 性能提升非常明显。

表 3 – 3　在 $\sigma = 2$ 随机文本上，Q – Hash 系列算法性能（单位：MB/s）

Random 2	2		4		8		16		32		64		128		256	
Q – Hash	N/A		201.9	3	450.9	4	997.3	5	1895.1	6	2716.4	7	2241.8	7	2409.9	7
Q – Hash_4096	N/A		201.2	3	450.5	4	989.6	5	1911.7	6	2730.5	7	2252.2	7	2407.7	7
SQ – Hash	N/A		216.3	3	476.5	4	1033.6	5	2059.0	6	2729.3	7	2278.8	7	2415.9	7
TQ – Hash	N/A		271.7	3	654.5	5	1270.9	6	2107.4	7	2859.7	7	2292.9	7	2502.9	7

表 3 – 4　在 $\sigma = 16$ 随机文本上，Q – Hash 系列算法性能（单位：MB/s）

Random 16	2		4		8		16		32		64		128		256	
Q – Hash	N/A		308.2	3	859.0	3	1729.7	3	2770.1	3	2979.1	3	2421.7	4	2635.7	4
Q – Hash_4096	N/A		307.4	3	853.0	3	1716.8	3	2754.5	3	2980.6	3	2454.7	5	3895.1	7
SQ – Hash	N/A		332.9	3	919.3	3	1824.6	3	2817.6	3	3015.3	3	2439.3	5	3927.9	7
TQ – Hash	N/A		508.6	3	1075.6	3	1919.8	3	2876.2	3	3075.1	3	2370.5	3	3957.9	7

表 3 – 5　在 $\sigma=64$ 随机文本上，Q – Hash 系列算法性能（单位：MB/s）

Random 64	2		4		8		16		32		64		128		256	
Q – Hash	N/A		311.6	3	895.9	3	1873.4	3	2838.4	3	3031.9	3	2421.9	3	2726.4	3
Q – Hash_4096	N/A		311.2	3	890.4	3	1870.7	3	2827.6	3	3044.3	3	2482.1	4	4046.2	6
SQ – Hash	N/A		336.7	3	965.1	3	2003.0	3	2879.5	3	3074.3	3	2502.9	4	4077.6	6
TQ – Hash	N/A		520.2	3	1085.5	3	1986.3	3	2930.7	3	3131.0	3	2604.5	5	5178.1	7

表 3 – 6　在 $\sigma=254$ 随机文本上，Q – Hash 系列算法性能（单位：MB/s）

Random 254	2		4		8		16		32		64		128		256	
Q – Hash	N/A		311.2	3	875.0	3	1875.3	3	3041.6	3	3281.5	3	2622.8	3	2705.4	3
Q – Hash_4096	N/A		312.2	3	877.0	3	1899.0	3	3079.4	3	3303.1	3	2791.5	3	4288.0	4
SQ – Hash	N/A		338.3	3	946.3	3	2032.4	3	3122.4	3	3345.4	3	2810.9	4	4328.5	4
TQ – Hash	N/A		540.0	3	1113.9	3	2040.8	3	2949.7	3	3154.9	3	2688.4	4	4638.6	4

表 3 – 7　在 DNA 序列上，Q – Hash 系列算法性能（单位：MB/s）

DNA	2		4		8		16		32		64		128		256	
Q – Hash	N/A		291.5	3	800.2	3	1563.4	3	2594.5	4	2946.5	4	2294.6	5	2484.0	6
Q – Hash_4096	N/A		290.4	3	792.2	3	1543.1	3	2606.6	4	2962.6	4	2375.3	6	3741.5	7
SQ – Hash	N/A		313.3	3	854.1	3	1627.0	3	2699.5	4	2980.7	4	2397.8	6	3771.4	7
TQ – Hash	N/A		443.8	3	973.7	3	1737.8	3	2780.2	4	3040.3	5	2522.4	7	4108.1	7

表 3 – 8　在英文文本上，Q – Hash 系列算法性能（单位：MB/s）

bible	2		4		8		16		32		64		128		256	
Q – Hash	N/A		307.3	3	851.6	3	1819.0	3	2793.6	3	3047.4	3	2398.4	3	2744.0	4
Q – Hash_4096	N/A		308.8	3	861.5	3	1847.0	3	2817.7	3	3072.4	3	2486.7	4	3999.4	6
SQ – Hash	N/A		333.3	3	924.9	3	1952.6	3	2863.1	3	3100.8	3	2518.2	4	4031.9	6
TQ – Hash	N/A		505.0	3	1051.7	3	1934.5	3	2898.7	3	3088.2	3	2554.5	5	4311.7	5

表 3 – 9　在自然语言上，Q – Hash 系列算法性能（单位：MB/s）

world192	2		4		8		16		32		64		128		256	
Q – Hash	N/A		309.9	3	860.4	3	1733.4	3	2774.3	3	2997.1	3	2375.3	3	2684.9	3
Q – Hash_4096	N/A		311.3	3	872.3	3	1760.7	3	2813.7	3	3009.5	3	2478.9	4	4018.6	6
SQ – Hash	N/A		336.9	3	936.9	3	1858.7	3	2853.8	3	3024.1	3	2504.4	4	4078.2	6
TQ – Hash	N/A		517.8	3	1080.1	3	1949.5	3	2896.1	3	3094.9	3	2560.4	5	4262.2	6

实验数据显示，使算法性能最高的 q 值随着模式长度增加而增加，并且在小字符集上增长更快。这与 Q – Hash 系列算法的时间复杂度和 q 的相关性有关。在匹配过程中，如果跳跃距离相差不多的情况下，显然核心循环中读入的字符越少，算法性能越高。而在算法达到精确单模式匹配平均复杂度的下界时，核心循环的平均跳跃距离接近 m，增大 q 值并不会明显提高跳跃距离。因此，使算法达到性能最优的 q 值应为使算法达到最优的平均时间复杂

度的最小的 q 值,这样最佳 q 值的理论值可以计算出来。根据 3.3 节分析结果有

定理 3.8:Q – Hash 算法中,等概率模型下,使算法性能达到最高的 q 值为满足 $8>q>\lg m(\sigma=2)$ 或 $q>\log_{\sigma}m$ 且 $2^{q-1}\sigma+q-2>m$(σ 为 4 的倍数)最小的整数。

由定理 3.8 得到的理论最佳 q 值和实际最佳 q 值的比较如表 3 – 11 所示。

表 3 – 11 使 Q – Hash 算法达到性能最高的 q 值的理论值和实际值

最佳的 q 值	4	8	16	32	64	128	256
Random2 理论值	3	4	5	6	7	7	7
Random2 实验值	3	4	5	6	7	7	7
DNA 理论值	2	2	3	4	5	6	7
DNA 实验值	3	3	3	4	4	5	6
Random16 理论值	1	1	2	3	4	4	5
Random16 实验值	3	3	3	3	4	4	4
Random64 理论值	1	1	1	1	2	3	3
Random64 实验值	3	3	3	3	3	3	3
Random254 理论值	1	1	1	1	1	1	2
Random254 实验值	3	3	3	3	3	3	3

在 Q – Hash 算法中,q 值的最小值为 3,当理论值为 1 或 2 时,实验的最优值仍然为 3。DNA 在较长模式下,实验值略小于理论值,其原因是 DNA 序列只是接近等概率模型,而不完全满足等概率模型。因英文文本和自然语言不满足等概率模型,无法用本书所述结论进行分析,表中未列出英文文本和自然语言上的相关数据。而字符集大小为 16 的随机字符,模式长度为 256 时,理论值与实验值不一致,应为实验误差造成(实验数据显示,q 值选择 4 和 5 时,两算法只有 0.7% 的性能差异)。由该表可见,理论值和实测值吻合,本章中所述对 Q – Hash系列算法时间复杂度的分析得到了实验验证。

而在 SQ – Hash 和 TQ – Hash 中,由于空间占用大于 Q – Hash,并且空间占用与 q 值相关。由于 Cache 影响,最优 q 值只有在 q 值较小(即空间占用远小于 L1 – Date – Cache)时和理论值一致。

同时,实验数据也显示,在 $\sigma=254$ 时,在模式长度为 32 和 64 时,TQ – Hash 的性能反而低于 Q – Hash 算法,而其他情况 TQ – Hash 总是最优的算法。我们认为这不能简单地归结为实验误差。根据 2.2 节分析,算法的跳跃距离恒定,将有助于提高处理器的智能预取正确率。而模式较长时,因跳跃距离较大,计算的瓶颈将由处理器转移到内存子系统。因此,在跳跃距离大的时候,恒定的跳跃距离对算法性能的影响将上升,甚至超过了提高跳跃距离对算法性能的影响。$\sigma=254$ 时,Q – Hash 的大多数跳跃都能达到固定的 $m-q+1$,而 TQ – Hash 的跳跃距离是从 $m-q+1$ 到 m 得一个可变值。因此,TQ – Hash 在这时,智能预取正确率低于 Q – Hash 算法,从而造成性能的恶化。

3.7　本章小结

本章从简化操作和提高跳跃距离两个方向改进了 Q – Hash 算法，提出了 SQ – Hash 算法和 TQ – Hash 算法。实验表明，本章所述改进算法性能提高明显。同时，本章证明了 Q – Hash 系列算法在满足一定边界条件下，($m>4$，在 $\sigma=2$ 时，边界条件为 $8>q>\lg m$，在 σ 为 4 的倍数的时候，边界条件为 $q>\log_\sigma m$ 且 $2^{q-1}\sigma+q-2>m$)，Q – Hash 系列算法可以达到精确单模式串匹配平均时间复杂度的下界。在之前的研究中，虽然有大量算法被证明达到了精确单模式平均时间复杂度的下界，但这些算法均是基于自动机或者基于位并行的算法。这是高性能基于比较的后缀匹配类算法中首个被证明达到此时间复杂度的算法。该时间复杂度分析得到了实验的验证。而 Wu – Manber 是多模式匹配中使用最广泛的算法，该算法一直被认为只拥有接近精确多模式匹配时间复杂度的下界的亚线性平均时间复杂度。在 Q – Hash 算法平均时间复杂度分析基础上，本章证明当 Wu – Manber 算法采用 SQ – Hash 算法所述 Hash 机制时，在等概率模型下，若 $\sigma=2$ 或 σ 是 4 的倍数，$m>4$ 且 $q=\Theta(\log_\sigma rm)$ 并且 $m/2>q>\max\{\lg(4mr/(\sigma-1)),\log_\sigma(r(m-q+1))\}$ 时，Wu – Manber 算法同样能达到精确多模式匹配时间复杂度的下界。

第4章 基于BOM的快速精确单模式匹配算法

根据图2-5,截至2010年年底,基于自动机的2-grams匹配算法EBOM[57]在中等模式长度、中等字符集下,性能高于已知算法。本章改进了EBOM算法。主要改进如下。

1. 本章简化了EBOM算法,提出SEBOM(Simplified EBOM)算法。

2. 本章将SEBOM扩展到了 q-grams,提出了BOMq(BOM with q-grams)算法。

3. 现有基于自动机的子串匹配 q-grams 算法的最大跳跃距离为 $m-q+1$,本章继续修改了BOMq,提出BOMq'算法,将该最大跳跃距离提高到 m。

4. 本章提出一种在BOM[54]系列算法所使用的自动机(Factor Oracle)上,无须使用跳跃距离表的类后缀跳跃机制,增大了算法的平均跳跃距离,并将该机制应用于SEBOM和BOMq上,提出了Suf_SEBOM和SufOMq算法。

5. 本章将EBOM、SEBOM、BOMq、SufOMq算法扩展到多模式匹配领域。

实验数据表明,本章所述的改进算法比基础算法性能更高,性能提升明显。

4.1 基础知识

BOM类算法采用Factor Oracle自动机识别模式中的所有子串。Factor Oracle(本书中简记为FO)是已知最简的能识别模式所有子串的自动机。文献[118][119]对该自动机进行了细致的分析。该自动机是一个无环自动机,共 $m+1$ 个状态,至多 $2m-1$ 个转移,并且每个状态都是终结状态。该自动机最显著的特征是弱因子识别,即 $L(FO)\supseteq fac(P)$,也就是说,若 $S\in\Sigma^{\square}$ 且 $S\notin L(FO)$,则 $S\notin fac(P)$,但可能 $\exists S'\in\Sigma^{\square}, S'\notin fac(P)$ 且 $S'\in L(FO)$。当 $P=abbbaab$ 时,生成的FO如图4-1所示。自动机从0状态开始转移,若串 S 输入自动机后,当前状态成功转移到FO中的状态,则 $S\in L(FO)$。可见,P 中的子串,如($bbaa$, $baab$ 等),全部可以正确接收,但串 $abba$, $abbaa$ 等不是模式子串的字符串同样被接收。目前,FO的特征尚未被完全探明,尤其是FO中误接收串的平均和最大数目现在还未知,并且已知存在串使得FO误接收串的个数达到 $O(\sqrt{m}!)$ 的超指数级别[118]。但实际匹配中,FO误接收串的数目并不多,如果在英文文本或更大的字符集上进行搜索时,可忽略误接收对算法的影响。

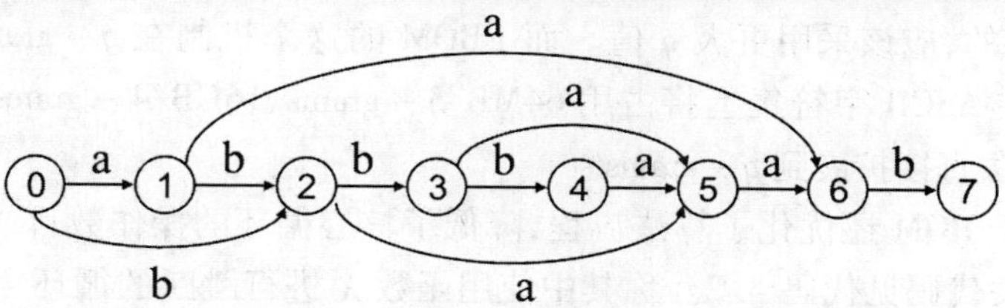

图 4 - 1　由 $P^{rv}=abbbaabb$ 构建的 Factor Oracle 自动机

BOM[54]是自右向左匹配的，为此，BOM 根据 P^{rv}构建 FO。FO 的构建过程可以在线性时间内完成。代码 4.1 中给出根据 P^{rv}，构建 FO 的方法。

```
//Build Factor Oracle (P,m)
create m+1 states;    for i ∈ [0,...,m],j ∈ Σ do {δ(i,j)←⊥;}
S [0]←-1;
for cur ∈ [0,...,m-1] do
        {σ←P^rv_cur; δ(cur,σ)←cur+1; k←S[cur];
while k > -1 and δ(k,σ) = ⊥ do   {δ(k,σ)←cur+1; k←S[k];}
    if (k = -1) then c←0; else c←δ(k,σ);
            S [cur +1]←c;}
```

代码 4.1　FO 的构建过程

定义函数 $poccur \in \Sigma^* \times \Sigma^* \rightarrow \mathbb{N}$ 为 $\text{poccur}(U,P)=\min\{|SU|,P=SUV\},P,S,U,V\in\Sigma^*$，若 $U\notin \text{fac}(P)$，$\text{poccur}(U,P)=\infty$。文献[54]中指出，在 FO 中，对 $\forall U\in \text{fac}(P)$，$U$ 将被识别于状态 $k\leqslant \text{poccur}(U,P)$，而其他子串自动机，如 DAWG[53]，后缀树[102]，后缀自动机[120]将识别该串于状态 $k'\geqslant \text{poccur}(U,P)$。这说明 FO 在进行匹配时，Cache 中需要缓存的状态数比其他子串自动机更少，因此 BOM 系列算法有更好的 Cache 性能。

BOM 算法采用子串机制进行匹配。该机制从窗口最末字符开始自后向前读入字符并进行状态转移，若读入串 U 后发现串 U 不被自动机接收，则将窗口滑动至串 U 之后，即跳跃 $m-|U|+1$ 字符。若整个窗口输入后，FO 仍然没有达到⊥状态，则报告发现模式匹配，然后窗口滑动一个字符，或类似 SBNDM[62]，跳跃以对齐窗口的最长边界。

4.2　EBOM 算法介绍

EBOM 是 BOM 的 2 - grams 扩展。记 FO 自动机为转移函数为 δ，EBOM 使用一个新的转移函数 $\lambda:(\Sigma\times\Sigma)\rightarrow Q$ 记录 FO 的前两次转移，使这两次转移可以在一次计算中得到结果。函数 λ 同样以二维表的方式实现，其空间占用为 $\Theta(\sigma^2)$。函数 λ 的定义如下

$$for\ \forall\alpha,\beta\in\Sigma,\lambda(\alpha,\beta)=\begin{cases}\bot, if\ \delta(I,\alpha)=\bot\\ \delta(\delta(I,\alpha),\beta),\text{otherwise}\end{cases}$$

在第三章中对 Q - Hash 系列[46]算法的分析中指出，Q - Hash 系列算法中 q - grams 算法的最佳 q 值为 $\Theta(\log_\sigma m)$，可推测在 BOM 系列算法上也应有类似结论（受限于 FO 误接收串数未知，该推测尚无法证明）。进而可推测，在字符集较小或模式较长的时候，EBOM 的 2 -

grams 机制是不够的,应该采用更大 q 值。而 EBOM 的这个机制在 q - grams 时的空间占用达到 $\Theta(\sigma^q)$,即在 ASCII 字符集上将占用 64MB/3 - grams、16GB/4 - grams。过大的空间占用使得 EBOM 无法直接扩展到 q - grams。

EBOM 相对于 BOM 还优化了算法流程,降低了核心循环的操作数目,提高了算法性能。EBOM 算法的相关代码见代码 4.2。称其中使用函数 λ 进行跳跃的循环为 fast loop,称发现窗口最末两个字符为模式子串后自后向前的逐字检查的循环为 match loop。

```
EBOM (P,T,m,n)
δ←Preprocess Factor Oracle(P);
for  α,β∈Σ do
    {cur←δ(I,α);
    if cur = ⊥ then λ(a,b)←⊥;  else λ(a,b)←δ(cur,b);}
T[n...n+m-1]←P;pos←m-1;
while  pos<n  do
{cur←λ(T[pos],T[pos-1]);
while  cur = ⊥ do  //fast loop
        {pos←pos+m-1;  cur←λ(T[pos],T[pos-1]);}
pos1←pos-2;
while  cur≠⊥ do  //match loop
        {cur←δ(cur,T[pos1]);pos1←pos1-1;  }
if pos1<pos-m then
        {Report a match finding;  pos1←pos1+1;}
pos←pos1+m+1;}
```

代码 4.2. EBOM 算法

EBOM 存在继续简化算法的空间。若将 EBOM 扩展到 q - grams,算法性能将得到进一步提升。并且,EBOM 使用的跳跃机制单一,在很多算法中,如 FJS[44],SBNDM - BMH[63] 等,交替使用多种跳跃机制进行跳跃,并获得了相当不错的性能,因此,可以考虑通过交替使用子串跳跃机制和后缀跳跃机制获得更好的匹配性能。

4.3 简化 EBOM 算法

根据 2.2 节中分析,分支操作是串匹配中代价较高的操作。若能降低分支操作的个数可有效提高算法性能。

根据代码 4.2 可知,在 EBOM 的 match loop 中使用了 while 循环。由于 fast loop 中的检查条件为 $cur = \perp$,因此算法刚跳出 fast loop 后,match loop 的首次检查结果一定为真。因此可在 match loop 中可以使用 do - while 循环。这可以减少一次检查操作。此外,原 EBOM 算法的 while 循环中,第一次分支总为真,这将影响分支预测结果,造成第二次执行分支的时候,分支预测将以较大概率预测该分支继续为真,这和实际的匹配结果不符,降低了分支预测正确率。而使用 do - while 循环,分支预测将更加准确,从而明显提高算法性能。

EBOM 中已经给出了一种越界检查。该机制将 P 接入 T 之后,当发生越界后,必然造成一次模式匹配,因此无须在 fast loop 中进行下标越界检查。但 EBOM 并没有充分利用该条件,EBOM 在每执行一次 match loop 时,就进行一次下标越界检查,这是不必要的。可以将该越界检查动作移至发现模式匹配的报告动作中完成,由于发现模式匹配的次数低于运行 match loop 的次数。该改进可进一步降低分支操作的个数。

称经过以上简化的 EBOM 算法为 SEBOM(Simplified EBOM)。相对于 EBOM,SEBOM 的跳跃能力虽然和 EBOM 一致,不过操作更少,分支预测正确率更高,进而性能也更高。SEBOM的相关代码见代码 4.3。

```
SEBOM (P,T,m,n)
δ←Preprocess Factor Oracle (P,m);
for α,β ∈ Σ do
{cur←δ(I,α);
    if cur = ⊥ then λ(a,b)←⊥;  else λ(a,b)←δ(cur,b);}
T[n...n+m-1]←P;pos←m-1;
while true do
    {cur←λ (T[pos],T[pos-1]);
while cur = ⊥ do  //fast loop
        {pos←pos+m-1; cur←λ(T[pos],T[pos-1]);}
pos1←pos-m;pos←pos-2;
do //match loop
        {cur←δ(cur,T[pos]);pos←pos-1;} while cur≠⊥;
if pos<pos1 then
    {if  pos<n-m  then {Report find a match;pos←pos+1;}
else return;}
pos←pos+m+1;}
```

代码 4.3. SEBOM 算法

4.4　Q - grams 机制

本节提出一种在子串自动机上的通用的 Uq - grams 机制。该机制可以应用在 FO、DAWG[53]、后缀自动机[120]等各种自后向前读入字符的子串自动机上。

在大多数已知子串自动机上,无法实现 Uq - grams,其原因在于这些自动机不是完全自动机,$\exists S \in \Sigma^{\square}$, $s.t.\ q_S(A) = \perp$,若继续输入字符,将造成非法访问而使程序崩溃。若将这些自动机修改为完全自动机,并且修改后的完全自动机接收的语言和原自动机接收的语言一致,则可在这些自动机上实现 Uq - grams。在进行上述修改后,窗口中读入的字符个数将多余原自动机,进而,根据子串跳跃机制,修改后的自动机的跳跃距离将不大于原自动机。因字符串匹配领域中,若某跳跃机制的跳跃距离总不为0,并且不大于一个正确的跳跃机制的跳跃距离,则这个跳跃同样能完成字符串匹配功能。因此,进行该 Uq - grams 后,可以完成字符串匹配功能。

定义4.1:对任意子串自动机 A,增加一个新状态 $R(R \notin F)$,将自动机所有 $\perp$ - trans 的转移目标指向 R,并设置对 $\forall c \in \Sigma, \delta(R,c) \to R$。这样得到的新自动机称为 UA(Unrolling Automaton)。

若将一个字符串 S 自后向前输入自动机 A 和 UA,有以下两类情况。

1. $q_S(A) \in Q(A)$。这说明在 S 输入过程中,自动机当前状态始终不为 $\perp$。由于自动机 A 和 UA 对所有的非 $\perp$ - trans 转移,其转移目标一致,因此有 $q_S(UA) = q_S(A)$。又因 $F(UA) = F(A)$,若 $S \in L(A)$,则 $S \in L(UA)$,若 $S \notin L(A)$,则 $S \notin L(UA)$。

2. 若 $\forall V \in suf(S)$ s. t. $q_V(UA) = \perp$。显然 $S \notin L(A)$。而对 UA,$q_V(UA) = R$ 并且无论后续输入字符是什么,自动机当前状态将始终停留于 R 状态。因此,$q_S(UA) = R \notin F$,$S \notin L(UA)$。

可见,$L(A) = L(UA)$,两自动机等价,在使用自动机 A 的场合,都可以使用自动机 UA 完成相同的功能。因 UA 是完全自动机,UA 可以支持 *Uq - grams*。UA 只比 A 多一个状态。在构建中,初始化状态时将所有转移目标初始化为 R 而不是 $\perp$,而其他构建过程和构建自动机 A 一致,即可完成 UA 的构建,因而两个自动机构建时间复杂度一致。

UFO 的构建过程见代码4.4。在该实现中,R 状态为状态 $m+1$。图4-2中给出了当 P = baabbba(即 P^{rv} = abbbaabb)时的 Unrolling Factor Oracle。

```
//Build Unrolling Factor Oracle (P,m)
1. create m+2 states;   for i∈[0,...,m+1],j∈Σ do {δ(i,j)←m+1;}
2. S[0]←-1;
3. for cur∈[0,...,m-1] do
4.      {σ←P^rv_cur; δ(cur,σ)←cur+1; k←S[cur];
5. while k > -1 and δ(k,σ)≥m+1 do   {δ(k,σ)←cur+1; k←S[k];}
6. if (k = -1) then c←0; else c←δ(k,σ);
7.      S[cur +1]←c;}
```

代码4.4. UFO 构建过程

将 Unrolling Factor Oracle 应用到 SEBOM,可得到了一个新的算法,称这个新算法为 BOMq(BOM with q - grams)。当 $q=3$ 时的 BOMq 算法见代码4.5。

在 $q=2$ 时,BOM2 算法和 SEBOM 算法基本一致,唯一的区别是算法 fast loop 中,SEBOM 的判断条件为 **while** $cur \neq \perp$,因 $\perp$ 可设为立即数 -1,而 BOM2 的判断条件为 **while** $cur > m$,需要额外的读操作得到操作数 m。因此,SEBOM 核心循环中操作数少于 BOM2,SEBOM 略快于 BOM2。

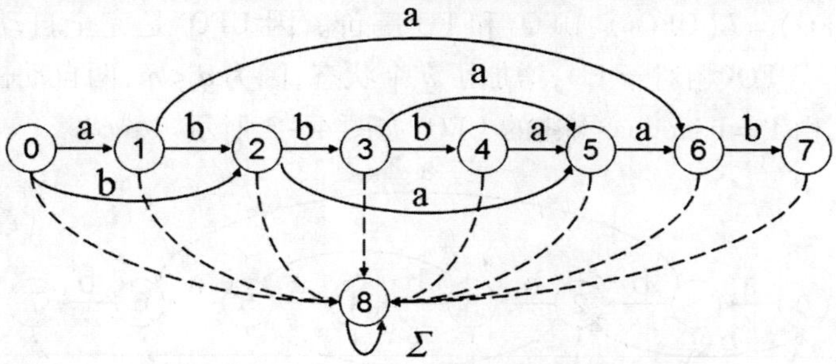

图 4-2　由 P = “baabbba”构建的 UFO

BOM3 (P,T,m,n)

```
1. δ←preprocess Unrolling Factor Oracle (P,m);
2. for α,β∈Σ do {λ(α,β)←δ(δ(I,α),β);}
3. T[n...n+m-1]←P;pos←m-1;
4. while true do
5.     {cur←δ(λ (T[pos],T[pos-1]),T[pos-2]);
6. while cur>m do  //fast loop
7.         {pos←pos+m-2; cur←δ(λ(T[pos],T[pos-1]),T[pos-2]);}
8. pos1←pos-m;pos←pos-3;
9. do  //match loop
10.        {cur←δ(cur,T[pos]);pos←pos-1;} while cur≤m;
11. if pos<pos1 then
12.        {if  pos<n-m  then {Report find a match;pos←pos+1;}
13. else return;}
12. pos←pos+m+1;}
```

代码 4.5. BOM3 算法

4.5　提高 Q - grams 机制的最大跳跃距离

目前，q - grams 的子串匹配类算法的核心循环中的最大跳跃距离均为 $m-q+1$。在本节提出一种使 BOMq 算法核心循环的最大跳跃距离增加至 m 的方法。

定义 4.2：在 FO 中，增加 q 个状态 $R_1, R_2, \ldots R_q$ ($R_i \notin F$)，设置 FO 中所有 $\perp$ - *trans* 的目标为 R_1，并对任意 $\forall c \in \Sigma$ 设置 $\delta(R_i, c) \rightarrow R_{i+1}$ ($i=1,2,\ldots q-1$)、$\delta(R_q, c) \rightarrow R_q$。称得到的新自动机为 UFO′(Unrolling FO’)。

对 $\forall S \in L(\mathrm{FO})$，在 S 的输入过程中，自动机当前状态均不为 $\perp$，这样有 $Q_S(\mathrm{U\ FO'}) = Q_S(\mathrm{FO}) \in \mathrm{F(FO)} = \mathrm{F}(U\ FO')$，因此 $S \in L(\mathrm{UFO'})$。

而对 $\forall S \notin L(\mathrm{FO})$，由于 FO 中所有状态均为终结状态，因此，必 $\exists V \in suff(S)$，使得 $Q_V(\mathrm{FO}) = \perp$。因此 $Q_V(\mathrm{UFO'}) = R_1$。由于 $|S| = q$，因此 S 中的剩余字符最多为 $q-1$，$Q_S(\mathrm{UFO'}) \in \{R_1, \ldots R_q\}$。从而 $S \notin L(\mathrm{UFO'})$。

由此可知，$L(\mathrm{FO})=L(\mathrm{UFO'})$，UFO' 和 FO 等价。因 UFO' 是完全自动机，因此 UFO' 可以支持 Uq - grams。UFO' 相对于 FO，增加了 q 个状态，因为 $q<m$，两自动机构建时间复杂度一致。在 $q=3$ 时，由 P = baabbba 构建的 UFO' 如图 4 - 3 所示。

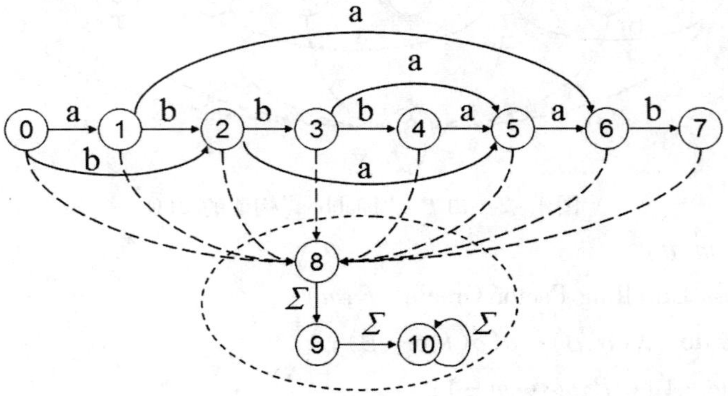

图 4 - 3　由 P = baabbba 构建的 3 - grams UFO' 自动机

若串 S 输入 UFO' 并且 $Q_S(\mathrm{UFO'})=\mathrm{R}_i$，则对串 $V=suff_{q-i+1}(\mathrm{S})$，$Q_V(\mathrm{FO'})=\mathrm{R}_1$，即 V 是 S 的最短拒绝后缀，根据子串跳跃机制，窗口可以跳跃 $m-|V|+1=m-(q-i+1)+1=m+i-q$ 字符。此时，基于 UFO' 的子串匹配算法的跳跃距离和 BOM 的跳跃距离一致，其最大跳跃距离可以为 m。该机制同样可以应用于其他所有状态均为终结状态的子串自动机上。

构建 UFO' 的代码和构建 Unrolling Factor Oracle 的代码很接近，若将代码 4.4 的第一行替换为代码 4.6，即得到了 UFO' 的构建过程。

```
//Build Unrolling Factor Oracle' (P,m)
1. create m+1+q states;  for i∈[0...m],j∈Σ do {δ(i,j)←m+1;}
2. for  i∈[m+1...m+q-1],j∈Σ do {δ(i,j)←i+1;}
3. for  j∈Σ do δ(m+q,j)←m+q;
```

代码 4.6　UFO' 构建代码(部分)

若将 UFO' 应用于 SEBOM，称得到的新算法为 BOMq'。BOMq' 是能保持最大跳跃距离为 m 的 q - grams 算法。其实现代码类似于 BOMq 算法，只需将代码 4.7 中第 1 行替换为 $\delta\leftarrow$ preprocess 3 - grams　UFO'(P)，并且将第 7 行替换为 $pos\leftarrow pos+cur-3$，所得到的代码即为 BOM3' 算法。

4.6　基于 Factor Oracle 的类后缀跳跃机制

本节提出一种基于 FO 的新的跳跃机制。

引理 4.1：对 $\forall S\in\Sigma^{\square}$，$|S|=q$ 且 $Q_S(\mathrm{FO})=q$，当且仅当 $\mathrm{S}=suff_q(P)$。

证明：根据 FO 的构造算法，对由 P^{rv} 构建的 FO 自动机，对 $\forall i<m$，$\delta(i,c)\rightarrow i+1$ 当且仅当 $c=P_i^{rv}$。并且 $\delta(i,c)>i+1$ 或 $\delta(i,c)\rightarrow\perp$ 当且仅当 $c\neq P_i^{rv}$。因此 $Q_S(FO)=\mathrm{q}$ 说明 $\forall j\in\{0,1,...,q-1\}$，$S_j^{rv}=P_j^{rv}$，即 $S=\mathrm{suff_q}(P)$。□

而在 UFO 和 UFO' 中，因当 $Q_S(\mathrm{FO})\in\mathrm{Q(FO)}$ 时 $Q_S(\mathrm{FO})=\mathrm{Q_S(UFO)}=\mathrm{Q_S(UFO')}$，引理

4.1　同样成立。

引理4.2:记窗口最末 q 个字符组成的串为S,若 $Q_S(UFO)>q$,则窗口可以安全跳跃 $Q_S(UFO)-q$ 字符。

证明:若 $Q_S(\text{UFO})=\text{R}=m+1$,S 被 UFO 拒绝,因此,窗口可以安全跳跃 $m-q+1$ 字符,该跳跃距离等同于 $Q_S(\text{UFO})-q=m+1-q$。

若 $Q_S(\text{UFO})\neq\text{R}$。根据引理4.1可知,若自动机当前状态不为 $\text{R}=m+1$ 时,每读入一个字符,自动机当前状态至少增加1。这样,在 S 输入后,再任意输入 $m-Q_S(\text{UFO})+1$ 个字符后,自动机当前状态为 $m+1=\text{R}$,因此窗口的最后 $q+m-Q_S(\text{UFO})+1$ 字符组成的字符串不是模式的子串。根据子串跳跃机制,窗口可以安全跳跃 $m-[q+m-Q_S(\text{UFO})+1]+1=Q_S(\text{UFO})-q$ 字符。 □

用同样的证明过程可以证明引理4.2所述机制在 FO 和 UFO' 上同样成立。由于该机制没有更改自动机,该机制无须额外的预处理时间。

以 $P=$"baabbba"为例(UFO 自动机由图4-2给出),3-grams 的 UFO 上的本节所述跳跃机制的跳跃距离(记 FOjump)和第三章中所述 BM 坏串规则的跳跃距离(记 BSjump)的对比如表4-1所示。

表4-1　本节所述机制和 BM 坏串规则的跳跃距离对比,$P=$baabbba

$S=$	aaa	aab	aba	abb	baa	bab	bba	bbb
BSjump	5	3	5	2	4	5	0	1
$S^{rv}=$	aaa	baa	aba	bba	aab	bab	abb	bbb
*cur on*UFO	8	6	5	5	7	8	3	4
FOjump	5	3	2	2	4	5	0	1

可见,若在 FO 中不存在误接收的串(上例中的串 aba),经过本节所述机制跳跃后,已读入文本将对齐该串在模式中自右向左的首次出现,和后缀跳跃距离一致。因此称本节所述机制为 FO 自动机上的类后缀跳跃机制,称 BOM 原跳跃机制为 FO 自动机的子串跳跃机制。

实验表明,单独使用 FO 类后缀跳跃机制的算法性能较差。这因为 FO 子串跳跃机制的距离不依赖自动机状态转移结果,该机制无须等待自动机转移结果计算完毕,就可以通过分支预测进行跳跃,从而隐藏了自动机状态转移的时间;而 FO 类后缀跳跃机制的跳跃距离依赖自动机状态转移结果,无法隐藏自动机状态转移时间。因此,可将子串跳跃机制和类后缀跳跃机制结合,将类后缀跳跃机制加入 BOMq 算法,从而提出了 SufOMq(SUFfix jump Oracle Matching with q-grams)系列算法。该算法核心循环的内层循环使用 FO 子串机制进行跳跃,若读入串可能是模式的子串,则使用类后缀机制进行跳跃。在进行类后缀跳跃后,继续由子串机制进行处理。若已读入串是模式的子串,且类后缀跳跃的跳跃距离为0,此时,才进入 match loop 进行自后向前的逐个字符匹配阶段。这样,在进行类后缀跳跃时,类后缀跳跃所需要的自动机当前状态已经在子串跳跃过程中计算完毕,后缀跳跃可以直接使用该结果进行跳跃,从而跳跃时无须其他的计算。由于 SEBOM 快于 BOM2,本章也将该机制应用在 SEBOM 上,提出了 Suf_SEBOM 算法(SEBOM with Suffix jump)。

当 $q=3$ 时的 SufOM 算法的相关代码见代码4.7。

```
SUFOM3 (P,T,m,n)
1. δ←preprocess Unrolling Factor Oracle (P,m);
2. for α,β∈Σ do {λ(α,β)←δ(δ(I,α),β);}
3. T[n...n+m-1]←P;pos←m-1;
4. while true do
5.     {cur←δ(λ (T[pos],T[pos-1]),T[pos-2]);
6. while cur>m do   //inner_loop
7.         {pos←pos+m-2; cur←δ(λ(T[pos],T[pos-1]),T[pos-2]);}
8. if (cur>3){pos←pos+cur-3; continue;}// outer_loop
9. pos1←pos-m;pos←pos-3;
10. do   //match loop
11.         {cur←δ(cur,T[pos]);pos←pos-1;} while cur≤m;
12. if pos<pos1 then
13.         {if  pos<n-m  then {Report find a match;pos←pos+1;}
14. else return;}
13. pos←pos+m+1;}
```

代码 4.7. SufOM3 算法

4.7 上述机制的多模式扩展

Set BOM[75]是 BOM[54]算法的多模式扩展，在长模式，较大规模匹配条件下性能很高。本章所提出的 BOM 的 5 个扩展算法，SEBOM、BOMq、BOMq'、SufOMq 和 Suf-SEBOM，这些算法的性能高于基础的 BOM 算法。若将这几个算法扩展到多模式匹配领域，将可能获得具有更高性能的多模式匹配算法。

4.7.1 Set BOM 算法介绍

Set BOM 同样采用根据模式的反转构建的 FO 自动机进行匹配，匹配时从窗口中自右向左读入字符。Set BOM 首先根据模式集的反转建立 Trie，然后在 Trie 上用和构建 FO 一致的方法，建立外部转移。一般来说，Set BOM 和其他可跳跃多模式匹配算法所处理的模式集中所有模式长度应一致。若模式集中模式长度不一致，统一按照最短的模式进行处理，在发现匹配后，再处理模式的其余部分。这里不考虑模式长度不一致的情况。

Set BOM 是 BOM 的多模式扩展，采用扩展的 FO 自动机(称 Set FO)进行匹配。Set FO 的构建时，先根据模式集的反转构建 Trie 结构，然后在 Trie 上按照层序顺序，以和构建 FO 外部链接类似的过程构建外部链接。Set FO 的构建代码如代码 4.8 所示。

```
Build Set FO (P,r,m)
newstate←0; queue←empty;FAIL←-1;
//Build Trie
```

```
for i←0 to r-1 do
    {a0 a1 ... a(m-1) ← Pi^rv ; cur←0; j←0;
while g(cur, aj) ≠ ⊥ and j < m do {cur←g(cur, aj); j←j+1;}
while j < m do
{newstate←newstate+1; g(cur, aj)←newstate;
cur←newstate; j←j+1;}
output[cur]←Pi;}
//Create outer transitions
for i←0 to m·r-1 do S[i]←⊥
while queue is not empty do
{Parent←the front of queue;
for a ∈ Σ and δ(Parent, a) ≠ ⊥ do
    {cur←δ(Parent, a); queue←queue ∪ {cur}; down←S[Parent];
while down ≠ ⊥ and g(down, a) = ⊥ do
        {δ(down, a)←cur;   down←S[down];}
if down ≠ ⊥ then S[cur]←δ(down, a); else S[cur]←0;}
queue←queue - {Parent};}
```

代码 4.8　Set BOM 预处理过程

若令模式集合为 $\{bbba, baba, bbab\}$，则对应生成的 Set BOM 如图 4－4 所示，其中，粗线为 Trie 部分，细线为外部链接。对比如图 2－4 所示或 AAC 自动机可见，Set BOM 自动机比 AAC 自动机要更简单。同时，Set FO 和 FO 一样，也属于无环自动机。

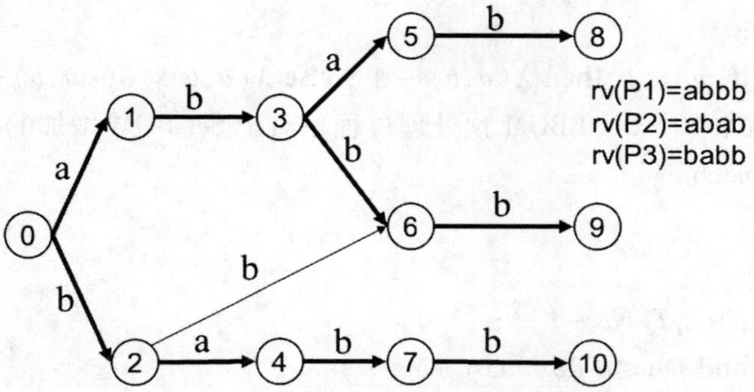

图 4－4　Set FO 示意图

Set FO 其匹配过程和 BOM 基本一致。Set FO 在窗口中自右向左读入字符并进行自动机状态转移，若发现自动机转移至 ⊥ 状态，则跳跃窗口至已读入串之后；若整个窗口都读入后，自动机仍然未转移至 ⊥ 状态，则说明窗口可能匹配。

在单模式匹配时，因 FO 自动机不会误接收与模式等长的字符串，若整个窗口都读入后，自动机未转移至 ⊥ 状态，则可以确认发生模式匹配。但多模式匹配时，该性质并不成立。当整个窗口被自动机接收时，仍然可能存在窗口内文本不匹配模式集中模式的情况。因此，在发现窗口可能匹配后，仍需要在窗口中再进行一次匹配。Set FO 是无环自动机，每次成功转移都将使当前状态的层数增加，因而，当 Set FO 在读入 m 个字符后，仍然没有转移到 ⊥ 状态时,当前节点一定为 Set FO 自动机对应 Trie 的叶节点。又由于建立 Trie 时,Trie 中每个叶节点对应模式串已经保存在 output 数组中。在进行二次匹配时,可将窗口与 output[*cur*]进行比较,若窗口内内容和 output[*cur*]所保存的字符串一致,则可判定窗口内发生模式匹配。

这样,Set BOM 的匹配过程可如代码 4.9 所示。

```
//Set BOM matching (T,m,n,δ)
pos←0; edge←n - m;
while pos < edge do
{cur←0; j←m - 1;
while j≥0 and cur≠ ⊥ do {cur←δ(cur,T_{pos+j}); j←j - 1;}
if cur≠ ⊥ then
{ if T[pos...pos + m - 1] = output[state] then Report find matches;}
pos←pos + j + 2;}
```

代码 4.9　Set BOM 匹配过程

4.7.2　BOM 系列算法的多模式扩展

EBOM[57]增加了二维表 λ 记录函数 δ 的前两次转移,以减少转移动作总数并降低首次分支的分支预测失败率。该改进对 Set BOM 同样适用。

向 Set BOM 预处理过程之后添加如代码 4.10 所示代码,并将匹配过程修改如代码 4.11 所示代码,即可将 EBOM 扩展到多模式领域。

```
//Build Functionλ
for a ∈ Σ do
{cur←δ(0,a);
for b ∈ Σ do {if cur = ⊥ then λ(a,b)←⊥; else λ(a,b)←δ(cur,b);}}
```

代码 4.10　Set EBOM 预处理过程相对于 Set BOM 增加的操作

```
//Set EBOM matching
pos←m - 1;
while pos≤n do
   {cur←λ(T[pos],T[pos - 1]);
while cur = ⊥ and pos≤n do //fast loop
{pos←pos + m - 1;cur←λ(T[pos],T[pos - 1]);}
check←pos - 2;
while cur≠ ⊥ do {cur←δ(cur,T[check]);check←check - 1;}//match loop
if check < pos - m then
        {check←check + 1;
if T[pos - m + 1...pos] = output[state] then Report find matches;}
pos←check + m + 1;}
```

代码 4.11　Set EBOM 匹配过程

SEBOM 算法使用的自动机和 EBOM 一致,在匹配过程的 match loop 中,SEBOM 使用 do

-while 循环代替 EBOM 算法中使用的 while 循环，以减少分支操作总数，并提高 match loop 的分支预测正确率。同时 SEBOM 在文本后接入模式串，这样在每次发现模式匹配后才进行一次文本边界检查。这两个改进在多模式匹配领域同样成立，因此，在 Set EBOM 算法基础上增加上述两项改进，可将 SEBOM 算法扩展到多模式领域。称多模式扩展的 SEBOM 算法为 Set SEBOM，Set SEBOM 的预处理过程和 Set EBOM 一致，匹配过程如代码 4.12 所示。

```
//Set SEBOM matching
pos←m-1; T[n...n+m-1]←P0;
while true do
    {cur←λ(T[pos],T[pos-1]);
while cur = ⊥ do //fast loop
{pos←pos+m-1;cur←λ(T[pos],T[pos-1]);}
check←pos-2;
do {cur←δ(cur,T[check]);check←check-1;} while cur≠⊥;//match loop
if check <pos-m then
        {check←check+1;
if T[pos-m+1...pos] = output[state] then
    {if pos<n then Report find matches; else return;}}
pos←check+m+1;}
```

代码 4.12 Set SEBOM 匹配过程

BOMq 算法通过修改自动机为完全自动机的方法，在 SEBOM 的基础上增加了 q-grams。在 Set SEBOM 的预处理时，将所有指向⊥状态的转移指向一个未使用的状态 R，并对 $\forall c \in \Sigma$，设置 $\delta(R,c) \leftarrow R$，即可将 Set SEBOM 算法的自动机修改为完全自动机。称 *BOM*q 的多模式扩展为 Set *BOM*q。Set BOM3 算法的代码如代码 4.13 所示。

```
Set BOM3(T,n,P,r,m)
newstate←0; queue←empty; FAIL←-1;
//Build Trie
for i←0 to r-1 do
    {m←|Pi|; a0a1...am-1←Pi^rv; cur←0; j←0;
while g(cur,aj) ≠ ⊥ and j<m do {cur←g(cur,aj); j←j+1;}
while j<m do
{newstate←newstate+1;g(cur,aj)←newstate;
cur←newstate;j←j+1;}
output[cur]←Pi;}
//Create theduplicate of Trie
for i←0 to newstate-1 do
{for a∈Σ do
{if g(i,a) ≠ ⊥ then δ(i,a)←g(i,a); else δ(i,a)←newstate}}
//Create outer transitions
```

```
for i←0 to m · r - 1 do S[i]←⊥
while queue is not empty do
{Parent←the front of queue;
for a ∈ Σ and δ(Parent,a) = newstate do
  {cur←δ(Parent,a); queue←queue ∪ {cur}; down←S[Parent];
while down ≠ ⊥ and g(down,a) = newstate do
      {δ(down,a)←cur;   down←S[down];}
if down ≠ ⊥ then S[cur]←δ(down,a); else S[cur]←0;}
queue←queue - {Parent};}
//Build Functionλ
for a,b ∈ Σ do {λ(a,b)←δ(δ(0,a),b);}
//matching
pos←m - 1; T[n...n + m - 1]←P0;
while true do
  {cur←λ(T[pos],T[pos - 1]);cur←δ(cur,T[pos - 2]);
while cur = ⊥ do //fast loop
{pos←pos + m - 2;
cur←λ(T[pos],T[pos - 1]);cur←δ(cur,T[pos - 2]);}
check←pos - 3;
do {cur←δ(cur,T[check]);check←check - 1;} while cur ≠ ⊥;//match loop
if check < pos - m then
      {check←check + 1;
if T[pos - m + 1...pos] = output[state] then
   { if pos < n then Report find matches; else return;}
pos←check + m + 1;}
```

代码 4.13　Set BOM3 算法

SufOMq 在 BOMq 算法的基础上增加了基于 FO 自动机的后缀跳跃机制。该机制同样适用于多模式匹配领域。在 Set FO 中,由于 Set FO 是无环自动机,有对 $\forall i,j \in Q$, $\forall c \in \Sigma$, $s.t.\ \delta(i,c) \to j$,有 j 的层数大于 i 的层数。因此,对已读入串 U, $|U| = q$,若 $\delta(I, U^{rv}) \to i$(自动机从初始状态出发,逐个自后向前接收 U 中字符后,自动机的当前状态为 i),且 i 的层数为 k,则再接收 $m-k+1$ 个字符后,自动机必将达到状态 R,此时自动机共接收了 $q+m-k+1$ 个字符,而这些字符组成的字符串不被自动机接收。根据子串跳跃定义,窗口可安全的跳跃 $m-(q+m-k+1)+1 = k-q$ 个字符。若 $k = q$,则此时 U 可能匹配 P 中某个串的长为 q 的后缀。因此,用一个数组 *SuffJump* 保存每个状态对应的后缀跳跃距离($k-q$),在 Set BOMq 算法 fast loop 中无法产生跳跃,并且当前状态为 *cur*,则窗口可直接跳跃 *SuffJump*[*cur*]并重新开始 fast loop。若 *SuffJump*[*cur*] = 0,则已读入串 U 可能匹配 P 中某个串的长为 q 的后缀,进入 match loop 进行匹配。称 SufOMq 按照以上方式进行的多模式扩展为 Set SufOMq。Set SufOMq 的代码和 Set BOMq 的不同之处类似于 SufOMq 和 BOMq 的不同,这里不再给出 Set

SufOMq 的具体实现。

易知,本章所述算法的最优时间复杂度均为 $O(qn/m)$、最差时间复杂度均为 $O(nm)$。由于FO自动机的技术细节尚未探明,因此Set BOM系列算法的平均时间复杂度现在还无法分析。目前,大量研究均猜测Set BOM能达到多模式匹配算法平均时间复杂度的下界 $O[n\log_{\sigma}(rm)/m]$,若该猜想成立,本章所述算法也均能达到多模式匹配算法平均时间复杂度的下界。

4.8　实验数据

本节中给出在2.5.4节中所述平台下,EBOM,SEBOM,BOMq,BOMq',SufOMq,Suf_SEBOM算法的对比试验相关数据,如表4.2至表4.8所示。

由实验数据可见,在所有的情况下,均存在本章所述改进算法的性能高于基础EBOM算法,并且性能提高明显。实验数据显示BOM*q*'算法,性能低于其他算法30%以上,其原因和单独使用FO后缀机制进行跳跃一致。BOM*q*'的跳跃距离与自动机读入窗口最末 q - gram后的状态相关,跳跃必须等待自动机状态转移完毕才能进行,而其他算法的跳跃距离和自动机状态无关。因此,根据4.5节分析,BOM*q*'算法性能较低。

在模式长度小于64时,加入类后缀跳跃机制的算法性能更高,而在模式长度大于64的时候,不采用类后缀跳跃机制的算法性能更高。由于本实验平台上,Cache行大小为64字节,当平均距离大于64字节的时候,每次跳跃都需要至少一次访存操作(因智能预取错误等原因会使访存操作次数大于1)。因此,在模式长度大于64时,若一次匹配的计算时间接近或低于内存读取一Cache行所需时间,则计算瓶颈将从CPU转移到内存子系统。此时算法性能优化方向应为优化智能预取为主,而不是优化分支预测方面。由于类后缀跳跃机制的跳跃距离不固定,且平均跳跃距离小于子串跳跃距离,因此,在模式长度超过Cache Line长度的时候,类后缀跳跃机制反而造成了性能的恶化。

表4-2　在 $\sigma=2$ 随机文本上,BOM系列算法性能(单位:MB/s)

Random 2	2		4		8		16		32		64		128		256	
EBOM	149.0		137.3		222.7		421.5		802.7		1474.7		1377.7		2122.2	
SEBOM	151.5		160.0		256.6		468.4		879.9		1602.4		1499.2		2301.8	
BOMq	147.5	2	178.7	3	318.8	5	595.5	7	1111.6	9	1990.6	11	1735.2	11	2600.0	12
BOMq'	122.4	2	179.8	3	316.2	5	541.0	7	935.4	8	1600.2	9	1581.8	9	2338.2	7
SufOMq	144.1	2	184.0	3	326.9	5	641.4	7	1160.3	9	2030.3	10	1773.2	11	2384.8	13
Suf_SEBOM	149.3		161.7		249.0		371.2		614.8		1021.7		1232.7		1955.6	

表 4－3　在 $\sigma = 16$ 随机文本上，BOM 系列算法性能（单位：MB/s）

Random 16	2		4		8		16		32		64		128		256	
EBOM	452.4		1291.4		2375.8		2973.4		3040.6		3299.3		3637.7		4711.7	
SEBOM	453.0		1295.0		2417.9		3036.4		3104.2		3400.4		3957.7		6080.5	
BOMq	450.4	2	1273.5	2	2370.8	2	3012.4	2	3104.4	2	3400.6	2	3908.7	3	6900.2	3
BOMq′	203.7	2	576.7	2	1240.2	2	2213.6	2	2768.8	2	2943.6	2	2615.4	3	4371.0	3
SufOMq	451.4	2	1276.4	2	2416.9	2	3093.4	2	3188.2	2	3492.6	2	3934.1	3	6509.1	4
Suf_SEBOM	453.8		1350.9		2455.7		3131.1		3192.5		3500.3		3682.7		4942.9	

表 4－4　在 $\sigma = 64$ 随机文本上，BOM 系列算法性能（单位：MB/s）

Random 64	2		4		8		16		32		64		128		256	
EBOM	448.4		1356.8		2734.1		3304.9		3566.3		3679.0		4986.9		7820.9	
SEBOM	458.8		1378.0		2748.4		3294.6		3551.3		3765.4		5203.1		8242.8	
BOMq	455.1	2	1340.7	2	2647.1	2	3256.7	2	3365.9	2	3757.9	2	5200.9	2	8176.5	2
BOMq′	203.1	2	580.9	2	1253.9	2	2285.7	2	2887.7	2	3056.7	2	2655.3	2	4755.0	2
SufOMq	455.5	2	1341.6	2	2655.1	2	3287.7	2	3375.3	2	3764.2	2	4973.7	2	7063.0	2
Suf_SEBOM	459.8		1386.2		2766.8		3306.3		3635.8		3781.7		5141.6		7094.0	

表 4－5　在 $\sigma = 254$ 随机文本上，BOM 系列算法性能（单位：MB/s）

Random 254	2		4		8		16		32		64		128		256	
EBOM	254.6		759.0		1571.1		2739.3		3396.1		3853.9		5326.7		7912.7	
SEBOM	253.1		757.8		1574.4		2744.3		3456.4		3877.0		5436.2		8038.7	
BOMq	247.2	2	740.9	2	1540.6	2	2712.0	2	3446.0	2	3866.5	2	5412.8	2	7991.5	2
BOMq′	102.3	2	312.2	2	697.6	2	1340.2	2	2173.0	2	2818.9	2	2553.5	2	4323.5	2
SufOMq	246.7	2	742.9	2	1541.5	2	2718.2	2	3454.2	2	3868.5	2	5397.3	2	7891.7	2
Suf_SEBOM	255.1		764.3		1572.2		2748.0		3462.7		3873.6		5410.7		7888.5	

表 4－6　在 DNA 序列上，BOM 系列算法性能（单位：MB/s）

DNA	2		4		8		16		32		64		128		256	
EBOM	305.4		452.0		558.1		780.0		1289.1		2072.3		1875.2		3193.4	
SEBOM	309.2		471.3		602.7		898.1		1513.0		2361.7		2243.4		3791.6	
BOMq	304.0	2	486.5	2	881.9	3	1434.2	4	2318.7	5	2893.4	5	2887.7	5	4478.1	5
BOMq′	175.7	2	380.7	3	692.5	3	1092.0	4	1799.0	4	2580.7	5	2195.3	5	3611.3	2
SufOMq	306.4	2	476.9	2	967.2	3	1538.5	4	2394.4	4	2963.4	5	2709.3	5	3765.3	7
Suf_SEBOM	310.3		480.0		662.3		980.8		1549.0		2124.0		1942.8		2216.3	

表 4－7　在英文文本上，BOM 系列算法性能（单位：MB/s）

bible	2		4		8		16		32		64		128		256	
EBOM	428.1		1124.3		1568.1		2071.0		2298.7		2682.9		2687.6		4059.1	
SEBOM	429.4		1135.4		1629.3		2185.9		2414.3		2852.1		3129.5		4954.3	
BOMq	427.2	2	1128.9	2	1630.7	2	2253.6	3	2680.5	3	3107.0	4	3495.3	3	5696.6	4
BOMq′	200.4	2	546.2	2	1008.4	2	1661.2	2	2334.4	3	2807.1	4	2433.7	3	3923.6	4
SufOMq	430.0	2	1136.1	2	1757.3	2	2622.9	2	2930.1	3	3260.4	3	3356.6	4	4976.1	5
Suf_SEBOM	429.9		1156.1		1780.9		2659.2		2850.8		3125.2		2527.8		2844.1	

表 4－8　在自然语言上,BOM 系列算法性能(单位:MB/s)

world192	2		4		8		16		32		64		128		256	
EBOM	450.3		1242.0		2039.9		2380.1		2693.9		2960.8		3332.0		5020.6	
SEBOM	450.2		1250.7		2098.7		2468.0		2783.9		3060.0		3597.2		5680.3	
BOMq	446.9	2	1228.7	2	2061.9	2	2454.3	2	2750.5	2	3064.4	3	3638.2	3	6157.5	3
BOMq′	199.9	2	557.7	2	1117.1	2	1783.4	2	2419.8	2	2744.6	3	2433.1	3	3931.1	3
SufOMq	447.7	2	1230.4	2	2124.6	2	2665.9	2	3040.8	2	3353.1	2	3378.3	3	5218.2	4
Suf_SEBOM	450.0		1259.0		2193.5		2760.5		3156.3		3487.7		3143.5		3640.1	

同时,实验数据同时显示在模式长度为 128 时,所有算法的性能都表现反常,而在其他长度的时候,算法性能与模式长度成一定的线性关系,如在模式长度为 16 时,各算法的平均性能均为模式长度为 8 的两倍左右,而在模式长度为 128 时,算法性能却接近模式长度为 64 时的算法性能,而模式长度为 256 时,算法性能又接近模式长度为 128 时的两倍。并且这个现象在 Q－Hash 算法对比实验,和后续章节中的相关实验中都观察到类似现象。

我们推测模式长度为 128 时的性能反常与本机的 Cache 行大小为 64 字节有关。为证明此观点,我们测试了在模式长度为 0～256 时每种模式的 SEBOM 算法的性能。在 DNA 序列,英文文本和自然语言上,SEBOM 算法的性能如图 4－4、图 4－5 和图 4－6 所示。

图 4－5、图 4－6、图 4－7 在 $m>64$ 之后的走向很接近。在模式长度为 64～116 之间基本不发生变化,特别是 96～116 时,算法性能反而下降。而在 116 后,成一个以 32 为周期的周期性上升的曲线。由于匹配速度曲线的周期和走向、字符集无关,可以确定,造成匹配速度曲线如此波动的原因与内存子系统,特别是处理器的智能预取有关。这里记内存中长为 64 字节(Cache Line 行长度)的一块为一个 trunk。

在英文文本和自然语言文本,在模式长为 32 前有个明显的拐点,而在 DNA 序列上,未发现此拐点。这可以说明,DNA 序列由于字符集较小,窗口中字符读入数的期望较大,处理器为计算的瓶颈,而在英文文本和自然语言上,窗口中字符读入数的期望较小,在模式长度接近 32 时,处理器处理时间已经不是计算的瓶颈,匹配性能主要受内存子系统影响。在这时,由于内存访问序列间隔不足 64 字节,处理器智能预取模块认为每次预取只要预取当前 trunk 的下一 trunk 即可,因此,预取的间隔保持 64 字节。这样,在英文文本和自然语言上,当模式长度为 32～64 时,由于内存子系统的动作保持不变,因此,在提高模式长度时,算法性能呈微弱上升趋势。

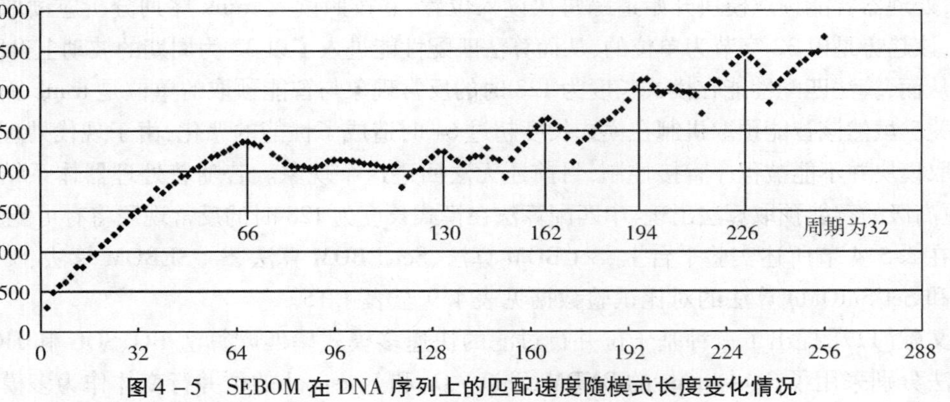

图 4－5　SEBOM 在 DNA 序列上的匹配速度随模式长度变化情况

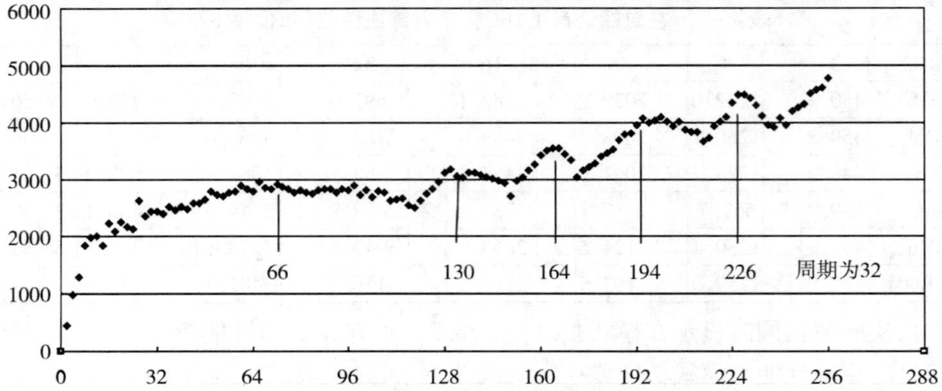

图 4－6　SEBOM 在英文文本上的匹配速度随模式长度变化情况

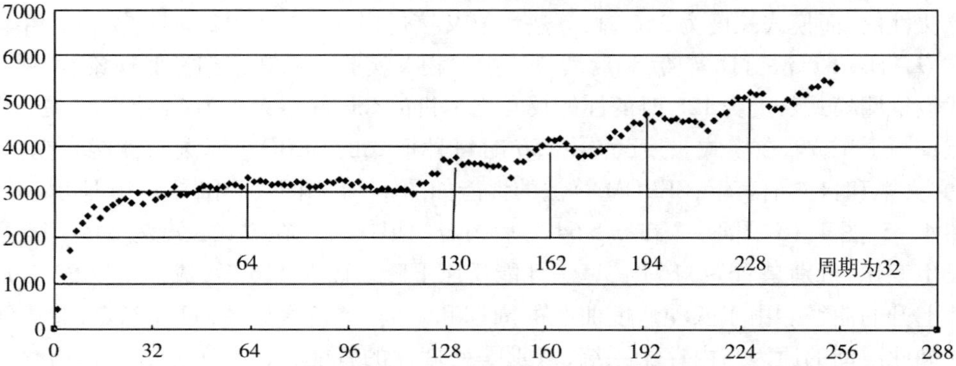

图 4－7　SEBOM 在自然语言文本上的匹配速度随模式长度变化情况

在模式长度为 64～116 时，由于每次预取后，下一次读取的位置仍然在已读入 trunk 的下一个 trunk 中。因此，提高模式长度，并不能改变预取策略，内存子系统的动作和模式长度不足 64 时一致。而此时，由于跳跃距离大于 64，存在应读取位置跨过已读入 trunk 的下一个 trunk 的情况。因此，此时的智能预取的正确率随模式长度呈不断下降趋势，这造成了性能的恶化。虽然，在模式长度大于 116 时，智能预取会以 2 个 trunk 为周期进行预取，从而使这一现象得到了修正，但此时的性能提升受到了模式长度 64～116 时的影响，从而造成了模式长度为 128 时，算法性能的反常。

而在模式长度大于 128 时，处理器智能预取模块发现，每次需要读入的 trunk 并不连续。因此，处理器智能预取模块开始追踪每次读入位置，并按照读入 trunk 序列分析应读取位置的趋势，该趋势是以 32 字节为单位的，从而算法匹配性能进入了以 32 为周期的波动上升阶段。

从而，算法匹配性能在模式长度为 128 时的反常现象与智能预取的单位是 trunk 而不是字节有关。虽然该智能预取机制在模式长度超过 64 时造成了性能的恶化，由于现代处理器的智能预取模块并不能被程序直接控制，目前还无法回避这个现象。若随着处理器体系结构的发展，更高级的智能预取算法出现，串匹配算法在模式长度为 128 时的反常现象将有可能解决。

在 2.5.4 节所述实验平台上，Set BOM 算法、Set EBOM 算法、Set SEBOM 算法、Set BOMq 算法和 Set SufOMq 算法的对比试验数据见表 4.9 至表 4.15。

文献[117]提出了三种基于位并行过滤的快速多模式串匹配算法 BG、SOG 和 HG，这三种算法分别采用了 Sq－grams 的 BNDM、Shift－Or 和 Horspool 的位并行变体作为多模式匹配的前级过滤机制。过滤机制能够快速判断当前位置是否可能发生匹配，这样在大多数情况下，无须运行真正的多模式匹配算法对文本进行检查。当过滤机制的性能高于多模式匹配算法性能时，引入过滤机制将有效提高算法性能。在文献[117]提出的三种算法中，一般 BG 算法最快。本实验也将 BG 算法作为对比算法。

表 4－9　在 $\sigma=2$ 随机文本上，Set BOM 系列算法匹配性能（单位：MB/s）

rand2	$m=8$								$m=24$								$m=72$					
$r=$	10		100		1000		10000		10		100		1000		10000		10		100		1000	
SetBOM	78.4		18.2		12.6		10.3		253.1		82.6		14.4		5.8		626.8		140.5		45.5	
BG1G	24.3		16.6		18.8		18.9		10.6		8.7		3.2		1.2							
BG2G	22.4		15.5		16.2		16.3		23.6		7.7		3.0		1.2							
BG2G6B	20.8		15.2		16.7		16.7		18.9		7.1		2.9		1.2							
BG3G	25.5		11.6		12.2		12.0		100.5		4.0		2.4		1.1							
BG3G6B	31.4		12.3		13.4		13.4		127.9		5.8		2.6		1.1							
SetEBOM	90.1		20.5		13.1		7.3		290.7		89.0		14.5		5.9		654.7		147.3		46.9	
SetSEBOM	100.7		22.9		13.6		7.3		299.0		92.4		15.8		6.0		712.2		148.7		46.6	
SetBOMq	100.4	2	22.9	2	13.7	3	7.3	3	328.0	11	93.6	12	16.2	5	6.2	6	743.2	13	154.2	15	47.5	7
SetSufOMq	95.5	2	22.4	3	13.2	5	7.4	2	339.3	10	93.4	12	16.1	5	6.1	6	746.4	14	153.1	15	47.3	5

表 4－10　在 $\sigma=16$ 随机文本上，Set BOM 系列算法匹配性能（单位：MB/s）

rand16	$m=8$								$m=24$								$m=72$					
$r=$	10		100		1000		10000		10		100		1000		10000		10		100		1000	
SetBOM	604.6		348.8		79.2		33.8		1124.1		656.0		223.9		93.5		2069.7		823.9		332.4	
BG1G	267.1		35.3		23.6		6.9		785.2		13.7		10.7		6.8							
BG2G	516.1		243.5		17.8		6.9		1264.3		740.4		10.0		6.2							
BG2G6B	489.8		240.4		17.8		6.8		1313.6		699.7		9.8		5.8							
BG3G	252.8		274.5		119.3		7.7		1072.1		673.4		361.8		13.6							
BG3G6B	379.5		334.2		154.6		8.5		1251.6		863.6		511.5		17.4							
SetEBOM	937.9		432.3		83.7		35.7		1563.7		781.9		246.5		97.0		2471.4		912.0		352.6	
SetSEBOM	1010.6		492.4		89.7		36.4		1643.8		815.1		255.1		98.1		2608.3		958.5		355.0	
SetBOMq	1437.8	3	597.7	3	124.9	4	37.7	4	2583.3	3	1052.0	4	275.1	4	101.5	5	2750.4	3	1224.9	4	367.2	5
SetSufOMq	1467.3	3	603.6	3	126.1	4	34.2	4	2612.7	3	1029.2	4	266.5	4	94.6	5	2778.2	3	1326.0	3	347.0	5

表 4－11　在 $\sigma=64$ 随机文本上，Set BOM 系列算法匹配性能（单位：MB/s）

rand64	$m=8$								$m=24$								$m=72$					
$r=$	10		100		1000		10000		10		100		1000		10000		10		100		1000	
SetBOM	896.2		648.2		147.5		94.4		1622.9		888.8		339.8		134.4		2291.9		1388.5		531.8	
BG1G	740.9		90.4		26.4		8.4		1509.8		240.3		12.2		8.8							
BG2G	888.3		696.7		410.3		12.4		1829.7		1263.3		892.2		30.4							
BG2G6B	625.9		794.7		350.9		10.0		998.7		1386.3		828.6		18.7							
BG3G	231.1		267.2		223.5		111.3		638.2		699.4		408.1		249.3							
BG3G6B	316.1		418.4		400.7		224.0		896.6		1012.3		823.4		354.7							
SetEBOM	2109.1		1045.5		180.7		104.5		2683.9		1202.0		431.8		147.0		2998.5		1736.6		596.3	
SetSEBOM	2415.1		1061.9		180.1		107.1		2730.1		1243.8		446.4		148.5		3065.1		1788.9		598.4	
SetBOMq	2403.9	2	1411.1	3	284.6	3	115.0	3	2735.2	2	1960.1	3	511.7	3	152.0	4	3338.2	3	2231.5	3	624.2	3
SetSufOMq	2474.1	2	1388.2	3	282.2	3	96.5	3	2756.6	2	1931.3	3	511.2	3	149.9	4	3258.3	3	2173.1	4	548.7	4

表 4-12　在 $\sigma=254$ 随机文本上，Set BOM 系列算法匹配性能（单位：MB/s）

rand254	$m=8$								$m=24$								$m=72$					
$r=$	10		100		1000		10000		10		100		1000		10000		10		100		1000	
SetBOM	未测试		724.7		312.5		80.9		未测试		1458.8		455.2		169.2		未测试		1707.2		493.4	
BG1G	未测试		367.9		29.8		21.5		未测试		1054.1		15.2		11.5							
BG2G	未测试		660.9		558.4		279.2		未测试		1740.7		1121.2		455.8							
BG2G6B	未测试		666.5		278.2		19.3		未测试		1383.1		817.4		21.5							
BG3G	未测试		153.3		126.4		91.9		未测试		428.1		320.0		216.3							
BG3G6B	未测试		320.0		308.6		205.7		未测试		1013.2		887.4		357.7							
SetEBOM	未测试		1240.1		414.3		88.5		未测试		2448.2		527.9		206.8		未测试		2221.9		552.5	
SetSEBOM	未测试		1298.0		428.4		90.7		未测试		2399.1		537.7		210.0		未测试		2328.6		564.1	
SetBOMq	未测试		1289.6	2	427.3	3	144.9	3	未测试		2456.4	2	830.4	3	245.5	3	未测试		2345.5	3	729.4	3
SetSufOMq	未测试		1335.7	2	512.9	2	143.5	2	未测试		2529.9	2	933.1	2	239.0	3	未测试		2601.5	2	720.7	3

表 4-13　在 DNA 序列上，Set BOM 系列算法匹配性能（单位：MB/s）

dna	$m=8$								$m=24$								$m=72$					
$r=$	10		100		1000		10000		10		100		1000		10000		10		100		1000	
SetBOM	238.0		94.6		23.8		3.2		624.7		260.8		56.3		23.8		1191.3		317.1		86.9	
BG1G	48.6		19.3		11.1		4.3		52.6		11.9		5.7		3.5							
BG2G	138.7		19.0		10.8		4.2		530.8		13.1		5.4		3.3							
BG2G6B	133.5		18.6		10.7		4.2		514.2		12.4		5.2		3.2							
BG3G	155.9		25.3		9.6		4.5		464.3		75.2		4.2		2.5							
BG3G6B	180.5		30.7		10.5		4.9		552.6		92.3		4.8		2.8							
SetEBOM	271.6		107.1		25.5		3.3		681.5		276.9		62.4		25.8		1312.4		349.9		93.2	
SetSEBOM	313.7		118.1		26.4		3.2		749.2		288.5		62.9		25.8		1407.8		352.7		93.6	
SetBOMq	448.3	4	120.5	5	26.6	3	3.3	3	1060.5	6	311.0	7	64.6	8	26.1	9	1658.2	7	371.2	7	94.3	6
SetSufOMq	424.3	5	117.8	5	26.1	3	3.4	4	1088.4	6	308.8	7	63.0	3	25.8	3	1657.4	7	371.8	6	92.0	4

表 4-14　在英文文本上，Set BOM 系列算法匹配性能（单位：MB/s）

bible	$m=8$								$m=24$								$m=72$					
$r=$	10		100		1000		10000		10		100		1000		10000		10		100		1000	
SetBOM	377.5		151.6		27.8		7.9		826.2		361.4		61.0		16.4		1475.0		515.7		98.1	
BG1G	275.2		34.6		13.9		7.4		803.2		48.6		9.1		2.9							
BG2G	348.8		110.3		18.7		7.5		903.5		509.8		33.9		3.3							
BG2G6B	334.4		110.0		18.5		7.3		753.8		495.4		29.0		3.0							
BG3G	197.2		106.7		26.2		7.6		580.7		325.1		115.5		6.1							
BG3G6B	292.3		140.3		33.1		8.5		782.5		464.3		156.4		6.6							
SetEBOM	527.7		175.6		25.6		7.8		976.8		409.3		64.5		16.8		1677.4		551.3		100.6	
SetSEBOM	564.2		196.5		26.5		7.9		1088.9		427.4		65.0		16.8		1779.1		565.9		101.4	
SetBOMq	759.2	3	215.3	4	26.7	3	7.9	3	1523.7	5	464.5	5	65.4	3	16.9	3	2098.5	6	595.9	7	102.2	6
SetSufOMq	868.4	3	209.6	4	28.0	4	8.3	4	1675.9	4	482.7	5	66.4	4	16.6	2	2191.5	5	624.8	5	109.4	6

表 4-15　在自然语言上，Set BOM 系列算法匹配性能(单位:MB/s)

world192	m = 8								m = 24								m = 72					
r =	10		100		1000		10000		10		100		1000		10000		10		100		1000	
SetBOM	402.9		174.8		24.2		5.8		855.3		324.1		23.4		3.5		1434.6		293.9		52.1	
BG1G	306.2		46.1		15.4		7.3		855.2		109.7		8.7		4.8							
BG2G	395.1		170.3		27.5		7.7		932.1		517.7		53.9		5.7							
BG2G6B	31.0		170.0		24.4		7.3		765.6		511.4		40.2		5.6							
BG3G	187.9		124.2		36.8		8.2		588.0		293.3		65.7		6.3							
BG3G6B	263.4		166.7		47.9		9.2		818.3		422.4		86.7		7.0							
SetEBOM	634.2		208.1		25.2		5.6		1088.5		358.0		23.8		3.6		1716.6		309.4		53.0	
SetSEBOM	690.5		233.3		25.9		5.7		1139.5		376.1		23.9		3.6		1825.4		315.5		53.3	
SetBOMq	822.4	3	259.0	4	26.0	3	5.7	3	1501.6	3	408.8	5	23.9	5	3.7	6	2061.5	5	323.4	5	53.5	6
SetSufOMq	831.0	3	253.9	4	27.4	4	6.0	4	1650.0	3	425.0	4	24.1	4	3.9	4	2166.6	4	373.1	4	52.2	9

实验数据表明，本章所述改进在小规模匹配时，性能提升明显，部分匹配条件下，相对于 Set BOM 算法性能提升超过 100%。但在大规模匹配时，由于计算瓶颈转移到存储子系统，而本章所述改进不是针对存储子系统进行的，所以，本章所提出的算法相对于 Set BOM 虽有一定的性能提升，但提升并不明显。

根据实验结果可知，性能最优的算法是 Set BOMq 和 Set SufOMq。在单模式匹配中，当模式较短时，SufOMq 几乎总是快于 BOMq，但多模式匹配中，并未观察到类似现象。因为 Set SufOMq 在进行后缀跳跃时要进行查表操作，操作比单模式匹配时更耗时。同时，在多模式匹配中，缓存压力大于单模式匹配对应情况，该查表操作进一步增大了缓存压力。因此，Set SufOMq 的性能并不一定高于 Set BOMq，并且，Set SufOMq 性能高于 Set BOMq 时的匹配条件没有一定的规律。这使实际匹配中最优算法的选择比较困难。为解决这一问题，可以在匹配前先用不同的算法先各自匹配文本的一部分，并在匹配时进行计时，然后选择匹配比较快的算法。由于 Set SufOMq 稳定的快于基础的 Set BOM 算法，并且当 Set BOMq 性能高于 Set SufOMq 时，二者性能差距较小。因此，也可以只使用 Set SufOMq 进行匹配。

4.9　本章小结

本章通过简化操作、引入 q-grams 机制、提高 q-grams 最大跳跃距离、引入类后缀跳跃机制等方法改进了 EBOM 算法，提出 SEBOM、BOMq、BOMq'、SufOMq、Suf_SEBOM 算法。实验表明本章所述改进算法性能提高明显。同时，本书中关于自动机的改进方法可以应用于各种基于自动机的算法上。因此下一步将尝试将本书所述方法和其他自动机类算法进行结合，以期获得其他成果。同时本章将 EBOM 算法、SEBOM 算法、BOMq 算法和 SufOMq 算法扩展到多模式匹配领域，提出了 Set EBOM、Set SEBOM、Set BOMq 和 Set SufOMq 算法。实验表明，本章所述算法在小规模匹配时，性能提高明显。由于本章所述改进并没有改进存储子系统的性能，本章所述改进对大规模匹配时的性能提升并不明显。文献[105]中提出的使用双数组 Trie 构造的 Suffix Trie 结构的空间占用小于 Set FO，并且在大规模匹配时，可以获得更高的匹配性能。考虑到 BOMq 算法中所述的 q - grams 机制并不是只针对 FO 自动机提出，该机制可以扩展到其他子串匹配自动机上。将在进一步工作中尝试将 BOMq 算法中所述的 q - grams 机制扩展到文献[105]中所提出的多模式匹配算法上，以期获得在大规模匹配时性能更高的算法。

第5章　基于TVSBS的快速精确单模式匹配算法

在图2-5中给出，截至2010年年底，在字符集为8-32时，极短模式（模式长小于4）上，基于比较的2-grams算法——TVSBS[42]的匹配性能高于已知其他算法。本节改进了TVSBS算法，主要改进如下。

1. 将该算法结合Hash机制扩展到q-grams，提出TVSBSq算法。

2. 将自动机引入TVSBS的窗口内检查过程，提出TVSBSqA算法。

3. 因TVSBS未完全利用已读入串的信息，提出一种比较字符跨越窗口边界的机制，从而提出FQ-Hash算法。该机制既保证了跳跃距离大于m，又充分利用了所有已读入字符的信息。

实验表明，本章所述改进算法性能明显高于TVSBS，有效提高了在极短模式下的匹配性能。同时，本章也提出一种研究后缀匹配类算法通用的工具——图例法，图例法能达到后缀匹配类算法的最大跳跃距离，并能直接转换成串匹配的预处理方法，这为今后的后缀匹配类算法研究提供了方便。

5.1　TVSBS算法介绍

TVSBS是一种2-grams的基于比较的后缀匹配算法，该算法基于以下几个算法提出，BM[10]、Quick Search[23]、Berry-Ravindran[36]、SSABS[41]。这四个算法分别贡献了：BM好后缀机制、Quick Search增加跳跃距离机制、BM坏串机制和SSABS最优比较顺序机制。这里对这些机制进行分别介绍。

5.1.1　BM好后缀机制

该机制从窗口中自后向前读入字符，若已读入串为U，$|U|=q$且$U=suff_q(P)$，若在读入字符a，发现该字符不匹配，则存在如下两种情况。

1. 若$\exists j_i=j_1,j_2,\ldots$使得$U=P[j_i...j_{i+q-1}]$并且$P[j_i-1]\neq a$。则跳跃后$U$对齐首次出现的$P[j_i...j_{i+q-1}]$，即窗口可以跳跃$m-q+1-\max(\{j_i\})$。

2. 若对$\forall j$，均不满足$P[j...j-q+1]=U$且$P[j-1]\neq a$，则窗口可以跳跃到U之后，并且对齐首个出现的P的前缀，即窗口可以跳跃$m-\max(\{i|\mathrm{suff_i}(U)=\mathrm{pref_i}(P)\})$。

根据BM好后缀规则的定义可知，在计算跳跃距离时字符a的信息并没有被利用，因此BM好后缀规则需要读入的字符数较多，其实际性能较差。

5.1.2 Quick Search 机制

Quick Search[23]中提出一个独立跳跃策略的增加跳跃距离的机制。该机制指出,无论以何种方式进行匹配,一旦发现窗口不匹配,或发现窗口完全匹配并报告后,窗口至少可以跳跃一个字符。然后可以在跳跃一个字符后的窗口中进行跳跃。如 Quick Search 算法就是先在窗口内进行字符比较,在判断窗口内是否匹配后,根据窗之后的首个字符进行 BM 坏字符跳跃。这样,Quick Search 坏字符跳跃时,每个字符的跳跃距离比 BM 坏字符跳跃距离增加 1,算法的最大跳跃距离可以增大到 $m+1$。

5.1.3 BM 坏串机制

Berry - Ravindran[36]中提出了 BM 坏串机制,该机制已经在第 3 章中进行了详细的介绍。BM 坏串机制既可以看作 BM 坏字符规则的 q - grams 扩展版本,也可以看作 BM 好后缀规则情况 1 的一种简化。该机制不考虑字符 a 是否匹配,而直接将 U 对齐 U 在模式中自后向前的首次出现。通常情况下,BM 坏串机制可以提供和好后缀规则相似的跳跃距离,但字符读入个数少于 BM 好后缀规则,故 BM 坏串机制通常拥有更高的性能。BM 坏串规则被广泛使用在 Berry - Ravindran,Q - HASH[46],Wu - Manber[72]等算法中。

如第 3 章所述,BM 坏串机制可以和 BM 好后缀机制情况 2 结合,以获得更大的最大跳跃距离。即在 U 在模式中没有出现的时候,窗口不但可以跳跃到 U 之后,还能对齐 U 的后缀中出现的 P 的前缀。这里称结合后的机制为带前缀匹配的坏串机制。通常情况下,带前缀匹配的坏串机制的性能很高。

5.1.4 SSABS 最优匹配顺序机制

由于 Quick Search 算法的跳跃距离独立于窗口中的比较顺序,若窗口中比较字符个数的期望越低,则算法的性能越高。

对非随机文本,因受语言中的单词、短语、常用句等影响,文本中字符实际表现出较大的相关性,字符之间的相关性随着字符间距的增加而降低。若窗口内读取字符和上次匹配时读取字符距离较接近,则造成跳跃前后读入字符相关性较高,这会降低字符读入的信息熵造成匹配概率上升。因此,SSABS 首个读入字符为距离上次跳跃时已读入串最远的窗口最末字符。同时,因后缀匹配类算法根据窗口尾部附近的字符进行跳跃,在进行跳跃时,需要等待存储器返回相关字符。结合智能预取机制,首先读入窗口最末字符将附近的数据同时预取到 Cache 中,可在一定程度上隐藏读取窗口尾部附近字符时的存储器延时。故先读入窗口最末字符在各字符相互独立的文本上也具有一定的优势。

比较第二个字符时,同样应该选择和第一个读入字符距离较远的字符以降低相关性。同时比较第二个字符时,该字符已经被调入寄存器,则该字符比较的开销将较低。在字符集较大的时候,大多数情况,Quick Search 算法能跳跃 $m+1$ 字符,即跳跃后窗口的前一个字符是已读入字符。由于计算机以整数为单位操作,此时跳跃后的窗口首字符有 3/4 的概率和跳跃后窗口的前一字符处于相同的整数中,即该字符已读入寄存器,因此,处理这个字符的开销将最低。

在其余字符比较时,倒序匹配可以保证已读入串信息熵较大,而正向匹配时可以保证字符读入开销较低。由于正向匹配过程中,需读入字符已在寄存器中的概率迅速降低(窗口第二个字符已在寄存器中的概率为 2/4、窗口第三个字符已在寄存器中的概率为 1/4,第四个字符不可能已在寄存器中),因此倒序比较是合理的。

从而,SSABS 提出,若不考虑字符出现的频率,字符比较最优顺序应该为窗口最末字符,窗口首字符,然后从窗口倒数第二字符开始,倒序匹配。按照该顺序比较后,若发现窗口不匹配,则根据窗口后一个字符执行 Quick Search 坏字符跳跃。

5.1.5　TVSBS 算法描述

TVSBS 算法首先使用 SSABS 最优比较顺序机制比较窗口内字符,若发现窗口内所有字符均匹配,则报告窗口匹配。无论窗口是否匹配,使用窗口后的连续两个字符进行跳跃,该跳跃的距离的计算结合了 Quick Search 额外跳跃字规则,带 BM 好后缀规则扩展的坏串规则。即,若记窗口后的两个字符为 ab,并记 TVSBS 的跳跃表为 *TVSBS_shift*,TVSBS 的跳跃距离为

$$\text{TVSBS\_shift}[a,b]=\begin{cases}1, \text{if} P[m-1]=a;\\ m-i+1, \text{if} P[i]P[i+1]=ab;\\ m+1, \text{if} P[0]=b;\\ m+2, \text{otherwise.}\end{cases}$$

若不进行其他处理,在 ASCII 字符集上,TVSBS_*shift* 的空间占用为 256kB,为降低 TVS-BS_*shift* 表的空间占用,TVSBS 引入了 Hash 机制,该 Hash 机制为 $hash(a,b)=a<<5+b$,这样,空间占用下降到 32kB 左右。

这样,包含预处理过程的 TVSBS 的代码,如代码 5.1 所示。

```
TVSBS (P,T,m,n)
1. Σ'←[0,((σ-1)≪5)+σ-1];
2. for a∈Σ' do shift[a]←m+2;
3. for a∈Σ do shift[(a≪5)+P[0]]←m+1;
4. for j←0 to m-2 do shift[(P[j]≪5)+P[j+1]]←m-j;
5.    forb∈Σ do shift[(P[m-1]≪5)+b]←1;
6. pos←m-1; c←P[m-1]; d←P[0];
7. while pos<n do
8.       {if T[pos]=c and T[pos-m+1]=d then
9.           {if T[pos-m+2...pos-1] match P[1...m-2] then Report;}
10. pos←pos+shift[(T[pos+1]≪5)+T[pos+2]];}
```

代码 5.1. TVSBS 算法

TVSBS 是一个 2 - grams 算法,若能扩展到 q - grams,将能获得更好的跳跃性能。同时 TVSBS 的窗口内检查可以进一步简化。并且,TVSBS 的窗口内读入字符的信息对跳跃没有任何帮助,造成了较大的浪费,因此,可以考虑在跳跃的时候,将窗口内读入字符的信息利用起来,这将得到更好的跳跃性能。

5.2 Q – grams 机制

在面向极短模式时,在各种影响算法性能的因素中,跳跃距离成为最重要的因素。由于 TVSBS 的 2 – grams 机制中,最大跳跃距离为 $m+2$,若将该机制拓展至 q – grams,则最大跳跃距离能扩大到 $m+q$。虽然这造成了更多的字符读入,在较小字符集或者字符间相关程度高的英文语言中,因字符读入数的期望值较高,q – grams 可能会获得更好的效果。

当扩展到 q – grams 后,跳跃距离的计算过程用语言描述将变得非常烦琐。为此,本节提出一种 BM 类匹配算法计算跳跃距离的通用的图例法。TVSBS 的 3 – grams 版本的图例法如图 5 – 1 所示,这里,选择 $m=5$。这里,由于算法是先检查窗口内容是否匹配根据 Quick Search 机制,窗口最小跳跃距离至少为 1。当某串同时满足图例法中多个条件,则跳跃距离为各条件对应跳跃距离的最小值。由于图例法中跳跃距离自上而下不断增加,因此,在预处理过程中,预处理按照图例自下而上的方式处理即可得到预处理算法。图例法可以达到后缀匹配类算法最大的跳跃距离。

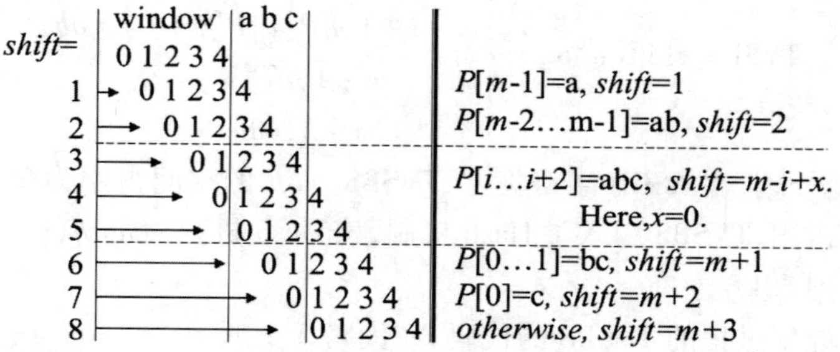

图 5 – 1　BM 类算法跳跃距离图例法,$m=5$,3 – grams TVSBS

根据如图 5 – 1 所示图例法可直接得到 3 – grams 扩展的 TVSBS 算法的预处理过程。这里引入 Hash 机制已降低跳跃表的空间占用。这里选择的 Hash 机制为 $hash(a,b,c)=a+(b \ll 4)+(c \ll 8)$。

与 TVSBS 不同,本节所述算法选择 a 在低位,其原因将在后续章节中介绍。这里记 3 – grams 扩展的 TVSBS 为 TVSBS3,则 TVSBS3 的实现如代码 5.2 所示。

TVSBS3 (***P***,***T***,***m***,***n***)

for $a \in [0, \sigma-1+((\sigma-1)\ll 4)+((\sigma-1)\ll 8)]$ **do** shift$[a] \leftarrow m+3$;

for $ab \in [0, \sigma-1+((\sigma-1)\ll 4)]$ **do** shift$[ab+(P[0]\ll 8)] \leftarrow m+1$;

for $a \in \Sigma$ **do** shift$[a+(P[0]\ll 4)+(P[1]\ll 8)] \leftarrow m+1$;

for $j \leftarrow 0$ **to** $m-3$ **do** shift$[P[j]+(P[j+1]\ll 4)+(P[j+2]\ll 8)] \leftarrow m-j$;

for $c \in \Sigma$ **do** shift$[P[m-2]+(P[m-1]\ll 4)+(c\ll 8)] \leftarrow 2$;

for $bc \in [0, \sigma-1+(\sigma-1)\ll 4]$ **do** shift$[P[m-1]+(bc\ll 4)] \leftarrow 1$;

$pos \leftarrow m-1$; $c \leftarrow P[m-1]$; $d \leftarrow P[0]$; $m1 \leftarrow m-1$; $T[n...n+m-1] \leftarrow P$;

while true **do**

{**if** $T[pos]=c$ **and** $T[pos-m1]=d$ **then**

{**if** $T[pos-m+2...pos-1]$ *match* $P[1...m-2]$ (*backward*) **then**

{**if** $pos<n$ **then** *Report*; **else return**;}}

$pos \leftarrow pos + \mathrm{shift}[T[pos+1]+(T[pos+2]\ll 4)+(T[pos+3]\ll 8)]$;}

代码 5.2. TVSBS3 算法

这里,使用了如下两个技巧。

1. 采用了在第三章、第四章均使用到的越界保护加速机制,由于在文本后添加了模式串,越界操作只能在发现模式匹配时出现,因此,越界检查可以在模式匹配后的报告动作中完成,这降低了边界检查的次数。

2. 对 Hash 方法 $a+(b\ll q)$,若 a,b 取值范围均为 $[0,\sigma-1]$,且 $2^q<\sigma$,则 $hash(a,b)$ 能取到 $[0,\sigma-1+((\sigma-1)\ll q)]$ 中任意值。因此,代码 5.2 中第三行与 **for** $a,b\in\Sigma$ **do** $shift[a+(b\ll 4)+(P[0]\ll 8)]\leftarrow m+1$ 等价。而采用代码 5.2 中实现时,可将预处理时间复杂度由 $O(q\sigma^{q-1})$ 下降至 $O(|\Sigma'|)$,其中 $|\Sigma'|$ 为 Hash 表空间占用。

5.3　通过自动机加速窗口内检查

在 TVSBS 算法中,窗口内检查过程和跳跃距离无关,显然,窗口内检查性能越高,则算法匹配速度越高。在 TVSBS 算法中,窗口内检查动作如下:

if $T[pos]=c$ **and** $T[pos-m+1]=d$ **then**

{**if** $T[pos-m+2...pos-1]$ *match* $P[1...m-2]$ **then** *Report*;}

在等概率模型下,窗口中任意字符匹配的概率为 σ^{-1},因此,对任意 $\sigma>2$ 窗口中字符读入数的期望为 $\sum_{i<m} i\sigma^{-i}=O(1)$。因此在大多数情况下,只需检查窗口最末字符和窗口首字符,即能发现窗口不匹配。现代编译器将 **and** 操作实际编译为分支操作,即这两个字的检查将被编译为:

if $T[pos]=c$ **then** { **if** $T[pos-m+1]=d$ **then** {*other operation*;}}

在等概率模型下,这两个分支操作的分支预测失败率均为 σ^{-1},由于分支预测失败是一个代价巨大的操作,一个显然的改进方向是将两个分支合并为一个分支,这样分支预测失败的概率将由 $2\sigma^{-1}$ 下降至 σ^{-2},从而提高性能。

一个简单的思路是使用位操作代替分支操作,即将这两个分支检查操作修改为 **if** $((T[pos]\hat{}c)|(T[pos-m+1]\hat{}d)==0)$ **then** *other operation*; 由于计算机内位操作是以整数为处理对象的,此时,需要进行多次 unsigned char 型数据和 int 型数据的转换过程,这开销较大。实验表明,使用位操作代替分支操作的窗口内检查将造成实际匹配性能的降低。

在第 4 章中,EBOM 算法[57] 中的 2 – grams 自动机机制的性能很高。因此,可在窗口内检查中引入了 2 – grams 自动机机制。为实现窗口内字符检查,按照 SSABS 最优比较顺序进行字符比较的最简自动机如图 5 – 2 所示。

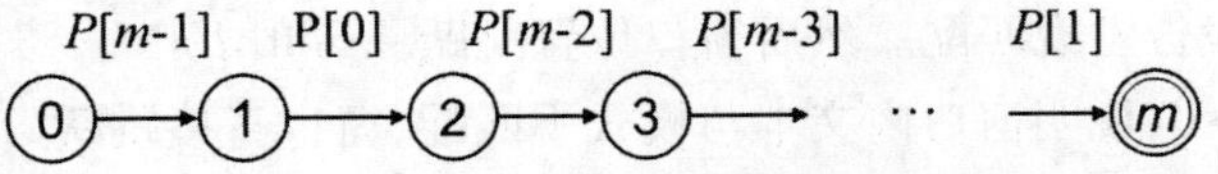

图 5 – 2　SSABS 比较序下的窗口检查自动机

类似于 EBOM,可同样引入了 2 - grams 机制,减少一次不必要的查表操作。称这个引入自动机检查的 TVSBS 算法为 TVSBSA(TVSBS with Automaton)算法,自动机的构建过程如代码 5.3 所示。

Build 2 - **grams Automaton** (P,T,m,n)
create m + 1 states; **for** $i \in [0...m], j \in \Sigma$ **do** $\delta(i,j) \leftarrow \bot$;
$\delta(0,P[m-1]) \leftarrow 1$; $\delta(1,P[0]) \leftarrow 2$;
for $j \leftarrow 2$ **to** $m-1$ **do** $\delta(j,P[m-j]) \leftarrow j+1$;
for $a,b \in \Sigma$ **do**
{$cur \leftarrow \delta(0,a)$; **if** $cur = \bot$ **then** $\lambda(a,b) \leftarrow \bot$; **else** $\lambda(a,b) \leftarrow \delta(cur,b)$;}

代码 5.3. 用于窗口内比较的 2 - grams 自动机的构建过程

TVSBS2A 算法匹配过程如代码 Code 5.4 所示。

TVSBS2A searching (P,T,m,n,λ,δ)
T[n...n + m - 1]←P; m1←m - 1;
while *true* **do**
{**if** $\lambda(T[pos],T[pos-m1]) = 2$ **then**
{$j \leftarrow 2$; $cur \leftarrow 2$;
do {$cur \leftarrow \delta(cur,T[pos-j])$; $j \leftarrow j+1$;} **while** $cur \neq \bot$;
if $j > m$ **then** {**if** $pos < n$ *Report*; **else return**;}}
$pos \leftarrow pos$ + shift[$(T[pos+1] << 5) + T[pos+2]$];}

代码 5.4. TVSBSA 匹配过程

5.4 充分利用检查字符信息

TVSBS 算法中,窗口内读入的字符对跳跃距离没有任何贡献,这造成了相当大的浪费,若能将窗口内读入的字符和跳跃距离结合起来,将获得更高的性能。本节提出一种基于带前缀匹配的 BM 坏串规则,并同时结合了 Quick Search 算法思想,增加了跳跃距离,该规则读入串跨越窗口边界,充分利用了窗口内读入字符的信息进行跳跃,获得了更好的匹配性能。

该机制描述如下。

算法一次读入 $q = q_1 + q_2$ 个字符,其中 q_1 个字符为窗口最末 q_1 字符,其余为窗口后 q_2 字符。对 $\forall U \in \Sigma^q$,根据 TVSBSq 中带前缀匹配的坏串规则计算。

跳跃距离。若窗口内 q_1 字符匹配 $\text{suff}_{q1}(P)$,则将跳跃距离设为负值。

在匹配过程中,算法对读入的 U,查表计算跳跃距离 shift[U]。对 *shift*[U]存在以下两种情况。

1. 若 shift[U] < 0,说明窗口最末 q_1 字符匹配 $\text{Suff}_{q1}(P)$,匹配窗口其余未读入字符,当其余字符均匹配时报告发现匹配。然后窗口位置跳跃 - shift[U]。

2. 若 shift[U] > 0,说明窗口内文本与模式不匹配,窗口直接跳跃 shift[U]字符。

由于算法是先检查窗口内是否发生模式匹配后,才进行跳跃,因此 shift[U] ≠ 0。在该机制中，shift 表的空间占用将达到 σ^q，为降低空间占用，在处理时，还需引入 Hash 机制。在引入 Hash 机制后，在 shift[U] <0 时，只能确定窗口最末 q_1 字符发生疑似匹配。因此，之后要匹配整个窗口内字符。

由于本节所述算法读入的字符的一部分前向跨越了窗口边界，因此，称该算法为 FQ－Hash$q_1_q_2$（Forward Q－Hash）算法。

在 $m=5$ 时，$q_1=q_2=1$；$q_1=1$，$q_2=2$；$q_1=2$，$q_2=1$ 时，FQ－Hash 算法的 *shift*[U] 计算过程的图例法分别如图 5－3、图 5－4、图 5－5 所示。

对读入串 $U=ab$ 或 $U=abc$，本节所述算法选择 Hash 机制为 hash$(a,b)=(a\ll 8)+b$ 和 hash$(a,b,c)=a+(b\ll 4)+(c\ll 8)$。因在各种字符集中，字符高位所携带的信息量要小于低位，如 ASCII 字符中，所有小写英文字符最高的三位都是 011。选择 $q=3$ 时，Hash 值中 a 在低位能有效降低 U 中首字符的 Hash 碰撞率。由于该字符误匹配时，可能造成匹配时，进入逐个字符比较的概率上升，将 a 置于 Hash 的低位可以提高算法性能。而在 $q=2$ 时，由于该 Hash 不会产生 Hash 碰撞，a 置于高位可以增加算法的并行能力。

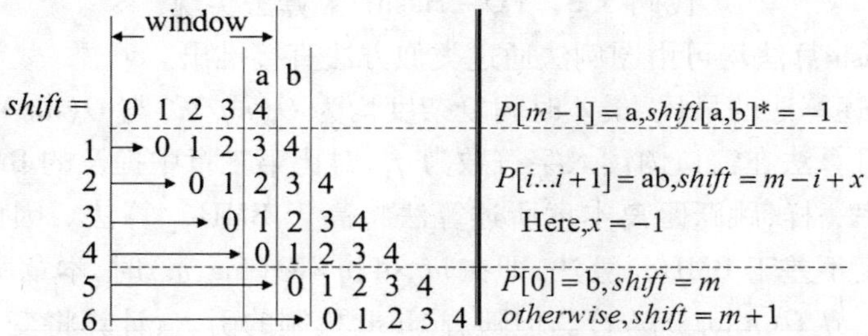

图 5－3　$q_1=q_2=1$，$m=5$ 时，FQ－Hash 跳跃距离图例

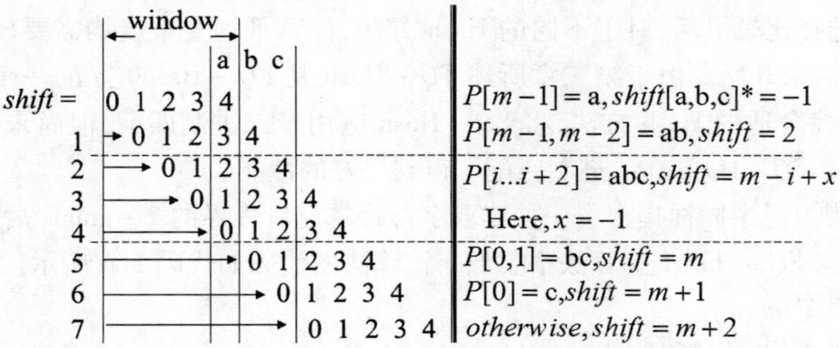

图 5－4　$q_1=1$，$q_2=2$，$m=5$ 时，FQ－Hash 跳跃距离图例

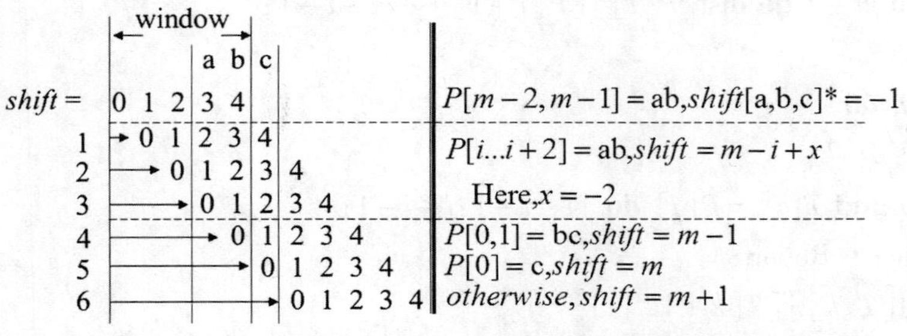

图 5－5　$q_1=2$，$q_2=1$，$m=5$ 时，FQ－Hash 跳跃距离图例

根据图 5－3，FQ－Hash1_1 算法的实现如代码 5.5 所示。其中 Σ' 表示 Hash 表中 Hash

值的范围。

```
FQ - Hash1_1(P,T,m,n)
for j ∈ Σ' do shift[j]←m+1;
for a ∈ Σ do shift[(a≪8)+P[0]]←m;
for j←0 to m-2 do shift[(P[j]≪8)+P[j+1]]←m-j-1;
for b ∈ Σ do shift[(P[m-1]≪8)+b]←-1×abs(shift[(P[m-1]≪8)+b]);
T[n...n+m-1]←P;   pos←m-1;
while true do
{s←shift[(T[i]≪8)+T[i+1]];
if s<0 then
{ if T[i-m+1...i]=P then {if pos<n then Report; else return;}
pos←pos-s; continue;}
pos←pos+s;}
```

代码 5.5　FQ - Hash1_1 算法实现

其他 FQ - Hash 算法均可由图例法通过类似方法直接推出。

显然，本章所述算法的最优、最差时间复杂度均为 $O(nq/m)$ 与 $O(nm)$，若 FQ - Hash 不采用 Hash 机制，且算法在窗口内读入字符数为 q_1，对比第三章中提及的 BMHq_1 算法[117]，算法为好窗口的概率一样，跳跃距离本章所述算法将高于 BMHq_1 算法。因此，本章所述算法的平均时间复杂度不差于 BMHq_1 算法，即在 $m>4, q=\Theta(\log_\sigma m)$ 时，本章所述算法能达到平均时间复杂度的下界 $O(n\log_\sigma m/m)$。但随着 Hash 机制的引入，计算将变得很复杂，类比第三章的分析方法可能得出在引入 Hash 机制后本章算法的平均复杂度，但 FQ - Hash 等算法的 Hash 方法选择比较灵活，对于不同的 Hash 方法，计算平均复杂度均需要较烦琐的计算，目前这项工作尚未开始。由于第三章所述 TQ - Hash 是 FQ - Hash0_q 的一个特例，因此我们也在尝试寻找合适的 Hash 方法，将 FQ - Hash 应用于二进制匹配，但尚未探索到较好的 Hash 方法，使得 FQ - Hash 在二进制匹配上得到更好的性能。

同时，文献[97]中同样提出了一种读取字符跨越窗口边界的 2 - grams 后缀匹配类算法 IBMH，该算法与 FQ - Hash1_1 算法很类似。该算法的代码如代码 5.6 所示。

```
IBMH (P,T,m,n)
for i,j ∈ Σ do dist[i][j]←m;
for i=0 to m-2 do dist[P[i]][P[i+1]]←m-i-1;
k←m-1;
while k<n do
{j←m-1; i←k;
while j≥0 and T[i]=P[j] do {i←i-1;j←j-1;}
ifj = -1 then   Report;
k←k+dist[T[k]][T[k+1]];}
```

代码 5.6　IBMH 算法

由 IBMH 算法相关代码可见，IBMH 算法虽然在思想上和 FQ - Hash1_1 接近，但 IBMH

的算法优化程度低于 FQ - Hash1_1。IBMH 中没有使用 SSABS 最优匹配序，在窗口内匹配时的性能低于 FQ - Hash1_1。对于窗口最末字符，IBMH 算法读取了两次，而 FQ - Hash1_1 在窗口最末字符不匹配时，只需要读取一次。而且，IBMH 只采用 BM 坏串规则进行跳跃，其最大跳跃距离比 FQ - Hash1_1 低 1。因此，IBMH 算法性能较低。

5.5　实验数据

在 2.5.4 节中所述平台下进行了 TVSBS、IBMH、TVSBS3、TVSBSA、TVSBS3A 和 FQ - Hash 系列算法的对比试验，实验数据如表 5 - 1 至表 5 - 7 所示。

表 5 - 1　在 $\sigma = 2$ 随机文本上，TVSBSq 系列算法、FQ - Hash 系列算法性能（单位：MB/s）

Random 2	2	4	8	16	32	64	128	256
TVSBS	92.1	93.7	80.5	78.9	82.7	79.8	80.0	79.4
IBMH	121.3	164.6	173.8	172	175.2	173.6	170.5	223.1
TVSBS2_2A	89.4	91.0	88.0	88.5	88.0	90.3	91.2	91.5
TVSBS3	77.3	75.8	63.0	61.8	64.8	62.1	62.0	61.5
TVSBS3_2A	94.0	96.8	84.1	84.6	84.0	86.4	87.2	86.5
FQHash1_1	197.1	228.7	242.7	233.2	232.9	230.8	226.0	299.2
FQHash1_2	195.4	248.8	296.3	349.7	356.6	364.5	365.2	416.2
FQHash2_1	148.4	275.5	405.8	488.3	513.2	504.5	549.0	555.7
FQHash1_3	N/A	181.9	260.0	354.3	477.2	522.9	491.5	561.4
FQHash2_2	N/A	172.0	325.7	486.6	652.6	643.0	742.8	768.0
FQHash3_1	N/A	173.7	388.5	633.8	869.3	955.9	965.9	1027.6

表 5 - 2　在 $\sigma = 16$ 随机文本上，TVSBSq 系列算法、FQ - Hash 系列算法性能（单位：MB/s）

Random 16	2	4	8	16	32	64	128	256
TVSBS	399.5	584.0	981.8	1337.0	2475.6	2900.4	2258.6	2613.9
IBMH	282.9	549.6	1029.3	1793.9	2715	2992.9	2397.8	2796.5
TVSBS2_2A	427.9	625.4	1054.0	1414.7	2582.6	2909.4	2255.4	2575.3
TVSBS3	301.7	417.0	639.8	862.0	1520.4	2365.3	2069.7	3454.3
TVSBS3_2A	362.5	499.1	760.6	1011.5	1748.1	2523.7	2142.1	3529.7
FQHash1_1	512.2	835.6	1398.1	2324.7	3107.5	3150.1	2442.3	2799.7
FQHash1_2	386.7	750.1	1210.1	1981.5	2845.7	3078.4	2537.0	4190.0
FQHash2_1	N/A	705.9	1276.2	2210.2	2956.7	3106.4	2652.0	4363.8
FQHash1_3	N/A	528.3	859.9	1486.8	2375.5	2880.9	2493.6	4380.8
FQHash2_2	N/A	484.2	872.6	1523.6	2502.3	2970.5	2658.1	4601.7
FQHash3_1	N/A	401.7	824.0	1500.7	2564.2	2953.9	2562.2	4460.3

表 5－3　在 $\sigma=64$ 随机文本上，TVSBSq 系列算法、FQ－Hash 系列算法性能（单位：MB/s）

Random 64	2	4	8	16	32	64	128	256
TVSBS	576.1	832.1	1296.6	2092.3	2898.3	3122.1	2624.4	4433.1
IBMH	318.3	613.1	1122.4	1897.7	2756.4	2992.3	2635.5	4523.7
TVSBS2_2A	531.2	765.7	1189.9	1910.1	2745.7	3001.3	2537.8	4233.5
TVSBS3	471.2	630.5	902.1	1350.4	2065.1	2691.4	2402.5	4247.2
TVSBS3_2A	427.8	578.7	835.1	1259.3	1955.8	2617.9	2286.7	4054.0
FQHash1_1	569.8	909.2	1486.5	2374.6	2997.3	2084.0	2659.6	4778.5
FQHash1_2	550.2	794.5	1211.9	1856.9	2637.0	2926.7	2530.2	4632.8
FQHash2_1	430.2	702.3	1158.0	1829.6	2635.4	2993.7	2631.4	4788.7
FQHash1_3	N/A	530.4	828.0	1315.5	2072.4	2789.4	2421.5	4400.5
FQHash2_2	N/A	482.6	809.1	1339.4	2144.1	2900.4	2580.2	4612.4
FQHash3_1	N/A	408.6	726.7	1333.3	2167.6	2905.2	2498.6	4490.9

表 5－4　在 $\sigma=254$ 随机文本上，TVSBSq 系列算法、FQ－Hash 系列算法性能（单位：MB/s）

Random 254	2	4	8	16	32	64	128	256
TVSBS	637.6	925.0	1434.0	2286.7	2869.3	3092.1	2669.2	4744.7
IBMH	179.3	369	701.6	1242.2	1969.8	2607.6	2352.4	4383.2
TVSBS2_2A	421.4	633.6	985.2	1557.6	2360.4	2837.4	2445.2	4314.7
TVSBS3	362.0	495.7	739.0	1134.8	1719.1	2396.3	2243.3	4011.2
TVSBS3_2A	289.0	392.7	580.3	894.5	1384.8	2066.2	1995.4	3575.6
FQHash1_1	308.4	505.7	846.5	1394.9	2107.5	2622.2	2391.3	4431.9
FQHash1_2	354.9	523.9	811.3	1303.5	1961.0	2498.1	2243.7	4177.2
FQHash2_1	283.3	470.2	799.7	1317.5	2012.1	2631.4	2352.7	4319.0
FQHash1_3	N/A	416.1	633.8	998.8	1548.1	2234.9	2113.5	3873.0
FQHash2_2	N/A	340.2	557.2	929.7	1484.1	2236.6	2150.0	3915.6
FQHash3_1	N/A	321.4	571.0	988.4	1593.0	2366.3	2218.3	4029.7

表 5－5　在 DNA 序列上，TVSBSq 系列算法、FQ－Hash 系列算法性能（单位：MB/s）

DNA	2	4	8	16	32	64	128	256
TVSBS	239.5	302.8	487.7	660.7	559.3	1224.5	901.9	904.8
IBMH	164.9	290.9	499.2	800.1	1041.5	1318.9	1228.2	1241.1
TVSBS2_2A	302.4	387.4	611.9	781.7	707.1	1481.0	1112.0	1096.8
TVSBS3	185.7	225.0	409.3	508.3	721.8	1732.6	894.8	1218.0
TVSBS3_2A	235.7	323.8	572.8	693.0	1010.7	2114.2	1150.8	1528.9
FQHash1_1	280.8	437.0	727.2	1101.0	1434.9	1792.7	1669.7	1667.3
FQHash1_2	274.5	463.6	782.7	1258.5	1985.4	2594.3	2184.0	2253.3
FQHash2_1	298.8	585.8	1064.9	1773.1	2649.4	2945.0	2408.3	2549.7
FQHash1_3	N/A	364.2	628.0	1042.7	1775.8	2541.4	2085.1	2377.2
FQHash2_2	N/A	400.7	759.8	1323.1	2260.9	2876.9	2338.0	2729.7
FQHash3_1	N/A	351.9	768.8	1434.4	2467.1	2968.0	2331.8	2752.4

表 5－6　在英文文本上，TVSBSq 系列算法、FQ－Hash 系列算法性能（单位：MB/s）

bible	2	4	8	16	32	64	128	256
TVSBS	420.3	655.1	909.0	1441.7	2271.7	2820.3	2240.0	2749.9
IBMH	276.0	499.9	913.5	1510.7	2541.4	2932.1	2270.9	2735.2
TVSBS2_2A	479.7	703.4	982.1	1615.0	2377.6	2828.3	2242.6	2680.7
TVSBS3	433.7	518.0	697.9	1130.3	1858.6	2538.4	2223.5	3122.0
TVSBS3_2A	488.1	626.0	811.6	1360.5	2093.9	2628.5	2252.9	3134.8
FQHash1_1	449.9	787.9	1207.8	2054.7	2778.9	3063.1	2384.2	2886.0
FQHash1_2	437.9	723.6	1135.8	1815.9	2614.8	3026.1	2392.5	3646.0
FQHash2_1	392.8	711.3	1213.5	2067.8	2795.1	3086.0	2498.3	3744.9
FQHash1_3	N/A	504.0	728.6	1262.2	2012.8	2740.3	2319.9	3747.0
FQHash2_2	N/A	499.7	817.0	1405.4	2212.4	2893.5	2476.4	3974.1
FQHash3_1	N/A	435.7	790.4	1414.3	2277.5	2897.8	2434.2	3883.8

表 5－7　在自然语言文本上，TVSBSq 系列算法、FQ－Hash 系列算法性能（单位：MB/s）

world192	2	4	8	16	32	64	128	256
TVSBS	462.5	710.4	1093.6	1601.7	2713.9	3002.7	2392.0	3194.2
IBMH	278.2	565.6	996.6	1630.9	2696.0	2969.5	2405.8	3295.5
TVSBS2_2A	496.6	710.5	1100.9	1781.3	2631.3	2909.6	2311.8	3083.1
TVSBS3	388.4	515.4	801.6	1197.0	2032.6	2506.9	2216.7	3563.0
TVSBS3_2A	452.8	573.9	868.9	1410.3	2097.3	2511.9	2172.5	3523.7
FQHash1_1	502.8	854.9	1365.7	2116.9	2956.2	3100.8	2463.7	3314.3
FQHash1_2	461.1	782.7	1187.8	1805.7	2691.8	2921.9	2418.9	3844.6
FQHash2_1	396.2	696.9	1175.1	1964.1	2738.4	2988.4	2500.7	4031.9
FQHash1_3	N/A	544.7	799.9	1249.6	2096.4	2692.5	2324.2	3782.2
FQHash2_2	N/A	492.4	801.0	1348.5	2167.9	2814.1	2445.6	4059.6
FQHash3_1	N/A	422.5	770.5	1352.8	2209.3	2816.7	2394.9	3991.4

由实验数据可知，本节中提出的改进算法在大多数情况下，拥有比 TVSBS 更好的性能，TVSBS 算法只在字符集非常大的时候，才拥有更好的性能。而 IBMH 算法虽然在长模式下，性能与 FQ－Hash1_1 接近，但在短模式情况下，IBMH 性能明显低于 FQ－Hash1_1。

5.6　本章小结

本章通过引入 q－grams 机制、在窗口内比较时使用自动机和读入字符跨越窗口边界以充分利用已读入字符（串）信息三个方向，改进了在中等字符集，极短模式匹配时，性能最高的 TVSBS 算法，提出了 TVSBSq 算法、TVSBSqA 算法和 FQ－Hash 系列算法。实验表明，本章所述改进算法性能提高明显。同时，本章中又给出了研究基于比较的后缀匹配类算法计算跳跃距离的一个通用方法——图例法。图例法简单、易于理解，并可以直接转换为预处理过程。该方法有助于基于比较的后缀匹配类算法的进一步研究。

第 6 章　改进 AC 多模式匹配算法

目前,多模式匹配领域使用最为广泛的算法有 AC 算法[71]、Wu - Manber 算法[72]、Set BOM 算法[75]。其中 AC 算法可以在 $O(n)$ 的最差时间复杂度完成匹配,处理时间稳定,性能不受最短模式长度影响,可以实现在线匹配,而且是现在小字符集短模式上性能最高的算法。同时,AC 可用于在线多模式匹配。AC 得到广泛的应用。

通过分摊分析可知,AC 和 AAC 自动机能以线性时间复杂度完成构造,这达到了自动机构造时间复杂度的下界[构造时间复杂度为 $O(M\sigma)$,其中 M 为模式集中所有模式的长度的总和]。然而,AAC 自动机的构造仍然是一个耗时较大的过程,若能将 AAC 基于分摊的线性时间复杂度降低到确定的线性时间复杂度,将有效地降低 AAC 的构造时间。

根据第二章分析,大量针对 AC 的研究集中在降低 AC 自动机存储开销以改善 AC 的 Cache 性能方向,并取得了显著的结果。然而,在模式较短,字符集较小的时候,AC 的空间占用会相应降低。此时匹配时的计算瓶颈不完全在存储子系统中,若将简化操作等改进应用到 AC 算法,可能会得到更高的匹配性能。

6.1　AC 算法介绍

AC(Aho - Corasick)算法是 KMP[17] 的多模式扩展,采用自动机方式实现。匹配时,顺序读入文本中字符,并进行状态转移,当转移到终结状态则报告发现匹配。AC 算法有两个版本,称为 AC 算法和 AAC(Advanced Aho - Corasick)算法。

AC 和 AAC 自动机中,每个状态对应集合 $\cup\{pref(P_i)\}, 0\leqslant i<r$ 中的一个不重复的串。自动机每读入一个字符后,进行状态转移,转移的目标状态所对应的串为新读入字符后已读入字符串的后缀和集合 $\cup\{pref(P_i)\}, 0\leqslant i<r$ 中元素中匹配的最长的串。自动机中和模式集中某模式对应的状态为终结状态,若自动机达到终结状态,说明发生模式匹配。

为完成自动机构建,AC 采用失败函数 f 来记录当前状态对应串的所有后缀中与 $\cup\{pref(P_i)\}, 0\leqslant i<r$ 中串匹配的最长串所对应的状态。AC 中,失败函数 f 的定义如下。

若 $f(k)\to j$,则状态 k,j 满足如下性质:设 0 状态到状态 j 的距离为 x,0 状态到状态 k 的距离为 y,则从状态 k 之上的第 x 个状态到状态 k 各转移标号所拼接而来的长度为 x 的串,与从 0 状态到状态 j 路径上的串相同,其中 $x<y$。若对状态 k,同时有多个状态 $j_1, j_2, \ldots$ 满足上述性质,则 $f(k)$ 将指向 $j_1, j_2, \ldots$ 中距离 0 状态最远的状态。若无状态满足上述性质,则 $f(k)\to 0$。

对上述定义进行形式化,失败函数 f 的定义如下。

对 $\forall q \in Q(AC)$，记由状态 0 到状态 q 的路径为 U，并记集合 $S = \{S_1, S_2, \ldots\}$

$= (\cup\{pref(P_i)\}, 0 \leqslant i < r) \cap (suff(U) - U) = (\cup\{pref(P_i)\}, 0 \leqslant i < r) \cap suff(suff_{k-1}(U))$，其中 $S_i \in \Sigma^{\square}$。若 $\exists S' \in S$。$|S'| \geqslant |S_j|$ 对 $\forall S_j \in S$ 均成立，则 $f(q) \to q_{S'}(AC)$。若 $\exists S'' \in S$，且 $|S'| = |S''| = k$，根据 S 的定义可知，$S' = S'' = suff_k(U)$，因为 AC 自动机是 DFA，相同的串在自动机中对应唯一的一个状态，因此 $f(q)$ 的目标状态唯一。又因 $S' \in \cup\{pref(P_i)\}$，$0 \leqslant i < r$，$f(q)$ 的目标状态为自动机内状态。因此，f 满足 Q 上的函数定义。

失败函数 f 的定义和 KMP 算法中的边界的概念一致。AC 通过和 KMP 算法类似的方法生成失败函数，完成了自动机的构建。

在引入失败函数后，自动机状态转移的过程为：

while $\delta(cur, c) = \perp$ **do** $\{cur \leftarrow f(cur);\}$ $cur \leftarrow \delta(cur, c)$;

该迭代过程会降低匹配时的性能。为提高性能，事先对所有状态和所有可能输入的字符，迭代 AC 自动机状态转移过程，并将最后的转移结果存入自动机中，这样提出了 AAC 自动机。AAC 自动机是一个完全自动机，可以保证任何字符都能在 $O(1)$ 的时间内完成状态转移。因此，AAC 的最差时间复杂度为 $O(n)$，而 AC 虽然操作较 AAC 多，但从分摊的角度分析，AC 仍然能保证 $O(n)$ 的最差时间复杂度。AC 和 AAC 自动机都能在 $O(M + M\sigma)$（$M = \Sigma|P_i|$）的时间复杂度内完成构建。

AC 系列算法维护一个输出函数 *output* 来记录当前状态是否为终结状态。若当前状态（其编号为 *cur*）不是终结状态，则 *output*(*cur*) 为空指针 *FAIL*。若当前状态时终结状态，则 *output*(*cur*) 通过指针指出哪个串匹配。若一个状态对应多个输出串（对串 S，发现 S 匹配，则对 $\forall suff(S)$，将同时发现匹配），则 *output*(*cur*) 指向这多个串组成的链表。AC 和 AAC 的匹配过程见代码 6.1，Code 6.2。

```
1. for pos ∈ [0...n-1] do
2.     {while g(cur,T[pos]) = ⊥ do {cur←f(cur);}   cur←g(cur,T[pos]);
3. if output[cur] ≠ FAIL then Report find matches of output[cur];}
```

Code 6.1　AC 算法匹配过程

```
1. for pos ∈ [0...n-1] do
2.     {cur←δ(cur,T[pos]);
3. if output[cur] ≠ FAIL then Report find matches of output[cur];}
```

代码 6.2　AAC 算法匹配过程

AC 和 AAC 算法的构建过程见代码 6.3。由 $P = \{abbb, abab, babb\}$ 构建的 AAC 自动机见图 6-1。

```
Build AC and AAC automaton(P = {P_0, P_1..., P_{r-1}})
//build Trie
newstate←0; queue←empty;
for i ∈ [0...r-1] do
    {m←|P_i|; a_0a_1...a_{m-1}←P_i; cur←0; j←0;
while g(cur,a_j) ≠ ⊥ and j < m do {cur←g(cur,a_j); j←j+1;}
while j < m do
```

```
    {newstate←newstate + 1; g(cur, a_j) ←newstate; cur←newstate; j←j + 1;}
output(cur) ←output(cur) ∪ a_0 a_1 ... a_{m-1};}
//build failure function
for a ∈ Σ s. t. g(0,a) = ⊥ do g(0,a) ←0;
for all a ∈ Σ s. t. g(0,a) = s ≠ ⊥ do {add s to queue; f(s) ←0;}
while queue is not empty do
   {r←the front of queue; queue←queue - {r};
for all a ∈ Σ s. t. g(r,a) = s ≠ ⊥ do
{ add s to queue; cur←f(r); while g(cur,a) = ⊥ do cur←f(cur);
f(s) ←g(cur,a); output(s) ←output(s) ∪ output(f(s));}}
//AAC addition preprocessing
for a ∈ Σ do
   {δ(0,a) ←g(0,a); if g(0,a) ≠0 then queue←queue ∪ {g(0,a)};}
while queue is not empty do
   {r←the front of queue; queue←queue - {r};
for a ∈ Σ do
       {if g(r,a) = s ≠ ⊥ then {queue←queue ∪ {s}; δ(r,a) ←s;}
else δ(r,a) ←δ(f(r),a);}}
```

代码 6.3.　AC 与 AAC 自动机的构建过程

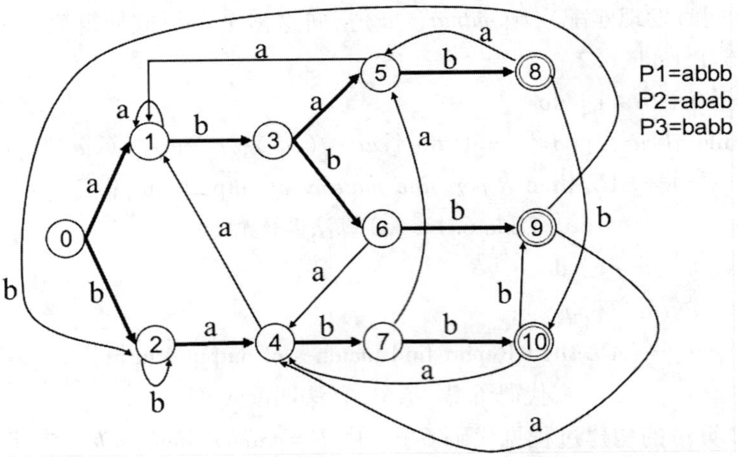

图 6－1　AAC 自动机，$P = \{abbb, abab, babb\}$

由于 AAC 匹配时无须调用失败函数 f，相对于 AC，AAC 拥有更高的性能。实用中，一般均使用 AAC 进行匹配。

6.2　简化 AAC 构建过程

根据上节介绍，AAC 自动机的构建过程还是相当复杂的，在实际操作中，特别是大规模匹配中,AAC的构建时间很长,无法忽略(如10000条规模,模式长度为72时,本实验平台上,AAC的构建要4秒左右)。而且AAC构建过程较难理解,在总状态超过50时,人工实现AAC自动机的构建将几乎无法完成,这为对AC和AAC的继续研究造成了严重的困扰。

鉴于文献[16]中提到的DFA算法和KMP算法相互模拟,并且他们的自动机同构。本节中考虑通过DFA算法生成AAC自动机,以期更快,更简单的构建AAC自动机。

图6-2中给出文献[16]中给出的DFA匹配算法对应自动机,DFA是一种线性时间复杂度匹配算法。这里,未标出的转移,全部转移到状态0。其中自动机达到状态i表示,当前已读入串的长为i的后缀匹配了模式的长为i的前缀,当达到状态m则说明发生模式匹配。

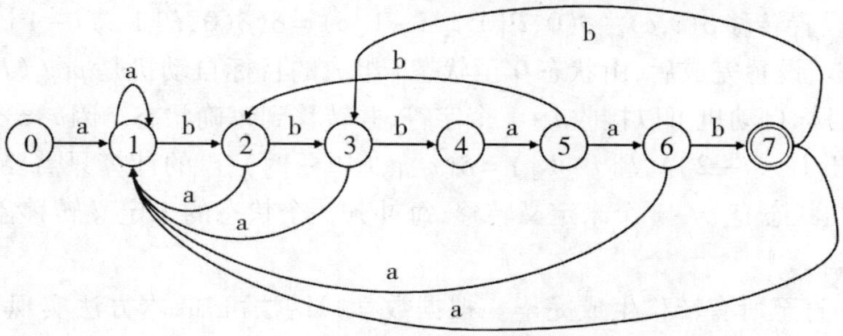

图6-2　DFA[16]算法的自动机表示,$P=abbbaab$

文献[16]中给出了DFA的一个$O(m^3)$的构建过程,该构建过程由于过高的时间复杂度而并不实用。该文献同时指出可以借助KMP算法思想,通过计算失败函数f来完成DFA的构建,将构建时间复杂度降低至$O(m\sigma)$的线性时间复杂度。但将该DFA扩展到多模式匹配领域得到的自动机将无法比AC/AAC自动机更快速的构建。为此,本节提出DFA的另一种$O(m\sigma)$的构建方法,该构建过程构造速度更高,更容易理解,并便于人工实现。该构造过程及其证明如下。

(1)首先生成$m+1$个状态,状态i到状态$i+1$的转移的标号为$P[i]$。状态m设置为终结状态。

(2)为保证匹配的顺利进行,需构造的目标自动机应该是一个完全自动机,否则会因自动机进入⊥状态后造成程序崩溃[$\delta(\perp,c)$将造成非法访问]。现从状态0开始,补齐未定义的转移使自动机成为完全自动机。

(3)将0状态的所有未定义转移都指向0状态。

证明:根据DFA算法对应自动机的定义,自动机达到0状态说明已读入串不存在不为空串的后缀和模式的前缀匹配。若自动机达到0状态,若再读入一个不为$p[0]$的字符后,读入串仍然没有任何后缀匹配P的前缀,因此,自动机仍然将处于0状态。因此,定义0状态所有未定义转移指向0状态。补齐0状态所有转移后,此时的由状态0组成的自动机是$pref_0(P)$对应DFA自动机,该自动机可以接收1个字符,并转移到正确的状态。

(4)对状态i,记状态r_i为从0状态起,逐次输入$P[1]$、$P[2]\cdots P[i-1]$后的自动机转移目标状态(简记为$r_i=\delta(0,P[1...i-1])$),对$i=1$,因$P[1...i-1]=\varphi$,$r_1=\delta(0,\varphi)=0$),则对状态i所有未定义标号c,设置$\delta(i,c)\leftarrow\delta(r_i,c)$。其中,$r_i$可通过$r_i\leftarrow\delta(r_{i-1},P[i-1])$快速计算得出。

证明:若状态$i-1$的所有未定义转移已补齐,并且从状态0至状态$i-1$组成的自动机

是 $pref_{i-1}(P)$ 对应 DFA 自动机，该自动机可以接收 i 个字符，并转移到正确的状态。对状态 i 的某未定义转移标号 c，可知，$pref_i(P)c$ 不是模式的前缀。根据 DFA 自动机定义，在当自动机的初始状态为状态 0 时，在读入串 $pref_i(P)c$ 时状态应转移到状态 j，其中 $j=\max(\{k \mid pref_k(P)=suff_k(pref_i(P)c), 0 \leqslant k \leqslant i+1\})$。又因 $suff(pref_i(P)c) = suff(P[1...i-1]c) \cup pref_i(P)c$，而 $pref_i(P)c$ 不是模式的前缀，因此 $j=\max(\{k \mid pref_k(P)c=suff_k(P[1...i-1]c), 0 \leqslant k \leqslant i\})$。因串 $P[1...i-1]c$ 的长度为 i，而根据已知条件，从状态 0 至状态 $i-1$ 组成的自动机已经能接收 i 个字符组成的串，并转移到正确的状态。从而，根据 DFA 对应自动机的定义有，$\delta(0,P[1...i-1]c) = \max(\{k \mid pref_k(P)c=suff_k(P[1...i-1]c)\})$。也就是说，对所有未定义标号 c，设置转移 $\delta(i,c) \to \delta(0,P[1...i-1]c)=\delta(\delta(0,P[1...i-1]),c)=\delta(r_i,c)$ 则可补齐状态 i。设置完成后，由状态 0 至状态 i 组成的目标自动机是 $pref_i(P)$ 对应 DFA 自动机，此时，该目标自动机可以接收 $i+1$ 个字符，并转移到正确状态。因 $r_i=\delta(0,P[1...i-1]) = \delta(\delta(0,P[1...i-2]),P[i-1])=\delta(r_{i-1},P[i-1])$，$r_i$ 的计算只需要 $O(1)$ 的操作。且因每个非终结状态有 $\sigma-1$ 个未定义转移，每补齐一个状态的未定义转移需 $O(1+\sigma-1)=O(\sigma)$ 的操作。

(1)迭代 4 直至所有转移生成完毕。根据数学归纳法可知，本方法实现了 DFA 算法的自动机构建过程。

以上构造过程的时间复杂度为 $O(m\sigma)$，这与文献[16]中所述 DFA 的构造方法的时间复杂度一致。但操作总数少于文献[16]中所述 DFA 的构造方法对应操作总数。同时，根据上述定义可知 r_i 为 $pref_i(P)$ 的最长边界（边界的概念见 KMP 算法，这里不再赘述）。

现将上述 DFA[16]自动机推广到多模式匹配领域。既然 DFA 算法[16]和 KMP 算法的自动机同构，那么这个该扩展自动机将和 AAC[71]自动机同构。称该自动机为 Set DFA。虽然 Set DFA 构建的时间复杂度与 AAC 自动机相同（均为 $O(M\sigma)$，其中 M 为模式集中总字符个数），但 Set DFA 代码简单，构建时无须使用失败函数，需执行的总操作数更少。实验表明，Set DFA 的构建时间只有 AAC 自动机的构建时间的 50% 左右。

Set DFA 的定义和 AAC 一致，每个状态对应集合 $\cup\{pref(P_i)\}, 0 \leqslant i < r$ 中的一个不重复的串。自动机每读入一个字符后，发生状态转移，转移的目标状态对应串为新读入字符后，已读入字符串的后缀中，和集合 $\cup\{pref(P_i)\}, 0 \leqslant i < r$ 中元素中匹配的最长的串。Set DFA 的生成方法如下。

(1)对模式集 P 中的所有模式生成 Trie 树，并将 Trie 中对应各模式的状态设置为终结状态。树根为 0 号状态。

(2)将 0 号状态所有未定义转移设置指向 0 号状态。

(3)若已把状态 i 上一层的所有状态的各未定义转移补齐，且由状态 0 至状态 i 的路径为串 U，$|U|=k$，记状态 $r_i=\delta(0,suff_{k-1}(U))$，并规定对 $\forall i \in Q, \delta(i,\varphi) \to i$，则对状态 i 的各未定义转移标号 c，设置转移 $\delta(i,c) \to \delta(r_i,c)$。其中状态 i 对应 r_i，可通过状态 i 的父节点 $father$ 的 r_l 快速计算，若 $father=0$，则 $r_i=0$，若 $father \neq 0$，则 $r_i=\delta(r_{father}, suff_1(U))$。同时，若状态 r_i 为终结状态，则状态 i 也为终结状态，既 $output[i] \leftarrow output[i] \cup output[r_i]$。

(4)按程序迭代 3，直至所有状态未定义转移补齐完毕。

在 Set DFA 中，存在如下性质。

引理 6.1：在 AC/AAC/Set DFA 三个自动机中，若状态编号顺序一致，则对任意状态 $i, r_i = f(i)$。

证明：对状态 i，记状态 0 到状态 i 的路径为 U，根据失败函数 f 的定义有：$f(i)$ 对应串为集合 $S = \{S_1, S_2, \dots\} = (\cup\{pref(P_i)\}, 0 \leqslant i < r) \cap suff(suff_{k-1}(U))$ 中最长的串 S'。

而对 r_i，因 $r_i \in Q(SetDFA)$，根据 Set DFA 定义，有状态 0 到状态 r_i 的路径 $R \in \cup\{pref(P_i)\}, 0 \leqslant i < r$。在层序迭代的过程中，若已把状态 i 上一层的所有状态的各未定义转移补齐，则类似 DFA 算法证明过程可知，若状态 i 的层数为 $k+1$，则状态 i 之上的 k 层状态组成的自动机满足对 $\cup\{pref(pref_{k-1}(P_i))\}, 0 \leqslant i < r$ 构建的 Set DFA 的定义。根据 $r_i = \delta(0, suff_{k-1}(U))$ 和 Set DFA 定义有，R 为 $(\cup\{pref(pref_{k-1}(P_i))\}, 0 \leqslant i < r) \cap suff(suff_{k-1}(U)) = (\cup\{pref(P_i)\}, 0 \leqslant i < r) \cap suff(suff_{k-1}(U))$ 中最长的串。

因此，有 $R = S'$。

由于 Set DFA 和 AC/AAC 自动机均为确定自动机，这三个自动机在构建 Trie 时动作一致，且自动机状态只在 Trie 构建的过程中生成，从而有对 $\forall W \in \cup\{pref(P_i)\}, 0 \leqslant i < r$，有 $q_W(SetDFA) = q_W(AC) = q_W(AAC)$。因此若状态编号顺序一致，$f(i) = r_i$。 □

因 AAC 生成 Trie 的动作和 Set DFA 一致，AAC 在生成失败函数 f 后的动作和 Set DFA 生成 r_i 后的动作（补齐未定义转移、确定当前状态是否是终结状态并确定终结状态的 *output* 函数）均一致。从而，根据引理 6.1 有如下结论。

定理 6.1：Set DFA 和 AAC 自动机一致。

Set DFA 构建过程见代码 6.4。

```
Build Set DFA automaton(P = {P_0, P_1..., P_{r-1}})
//build Trie
newstate←0; queue←empty;   r(0)←0;
for i ∈ [0..r-1] do
    {m←|P_i|; a_0 a_1...a_{m-1}←P_i; cur←0; j←0;
while δ(cur, a_j) ≠ ⊥ and j < m do {cur←δ(cur, a_j); j←j+1;}
while j < m do
    {newstate←newstate+1; myfather(newstate)←cur; trans(newstate)←a_j;
δ(cur, a_j)←newstate; cur←newstate; j←j+1;}
output(cur)←output(cur) ∪ P_i;}
//build trans-function
for a ∈ Σ do
{cur←δ(0, a); if cur = ⊥ then δ(0, a)←0; else {add cur to queue; r(cur)←0;}}
while queue is not empty do
    {cur←the front of queue; queue←queue - {cur}; father←myfather(cur);
if father≠0 then r(cur)←δ(r(father), trans(cur));
rs←r(cur);
if output(rs) ≠ φ then output(cur)←output(cur) ∪ output(rs);
for a ∈ Σ do
```

{**if** $\delta(cur,a)\neq\bot$ **then** add δ(cur,a) to queue; **else** $\delta(cur,a)\leftarrow\delta(rs,a)$;}}

代码 6.4　Set DFA 构建过程

由该构建过程易知，Set DFA 的构建过程的时间复杂度为 $O(M\sigma)$（非分摊的），其中 M 为模式集中所有模式的长度的和，这与 AAC 自动机的构建时间复杂度一致。由代码 6.4 可见，Set DFA 的构建比 AAC 的构建更为简单，操作更少。并且 AAC 自动机在自动机状态较多的时候，人工生成 AAC 自动机难度较大，Set DFA 为人工生成 AAC 自动机提供了快捷方法。

实验表明，Set DFA 同样可以完成多模式匹配功能。由于 Set DFA 和 AAC 一致，两者匹配性能相同。

6.3　简化 AAC 算法操作

现有对 AAC 的改进大多针对存储子系统改进，采用如双数组 Trie[85]，扇出压缩[86]等技术来降低存储开销。这些改进当存储子系统不是瓶颈的时候（如模式规模较小时），这些改进并不生效，甚至会降低算法性能。本节考虑从简化操作角度对 AAC 进行改进，AAC 的匹配动作很简单，若能简化操作，会明显提高算法性能，提高模式集合较小时的性能。

AAC 在每字符读入时的主要操作包括 $cur\leftarrow\delta(cur,T[pos])$ 的状态转移过程，读取 *output*[*cur*] 的查表过程，判断 *output*[*cur*] 结果的分支语句，和文本边界检查操作。若在构建 AAC 过程中修改 AAC 中状态的位置，使满足 $output[cur]\neq FAIL$ 的状态满足一定的条件，则在进行 AAC 匹配过程中，若当前状态不是终结状态时，可以不用查表求 *output*[*cur*]，减少了一次查表时间。这里，提出两种方法简化读取 *output*[*cur*] 的查表过程。

方法一，移动终结状态。在 AAC 构建过程中，最大状态编号已存储于变量 *newstate* 中。若将 AAC 自动机中 $output[cur]\neq FAIL$ 的状态移动至自动机边界之后（目标状态编号 > *newstate*）。同时修改 *output* 函数，记原自动机中状态 i 被移动到状态 j，则 $output[j]\leftarrow output[i]$。则只需判断自动机当前状态编号是否大于 *newstate* 即可快速判断当前状态是否为终结状态。称进行该改进后的 AAC 为 AACS(Advanced AC with Shifted final states)。AACS 的匹配过程如代码 6.5 所示。

1.　for $pos\in[0...n-1]$ do

2.　　{$cur\leftarrow\delta(cur,T[pos])$;

3. **if** cur > newstate **then** Report find matches of output[cur];}

代码 6.5　AACS 算法匹配过程

在移动状态后，原自动机 δ 函数中对应终结状态的位置将出现空洞，因此 δ 函数的空间占用将增大，可以考虑删除 δ 函数中的空状态以紧缩状态，将 δ 函数的空间占用降低至和源 δ 函数一致。但状态紧缩需移动 AAC 自动机中几乎所有的状态，造成预处理时间明显增加。

AACS 的 Cache 命中率和智能预取正确率低于 AAC 算法。其原因在于，在接近发现模式匹配时，当前状态是其他串的前缀的可能性降低，而根据 AAC 自动机构造算法，模式串中不是其他串的前缀的部分对应状态在自动机内连续，进而，在 AAC 接近匹配的时候，将出现较大概率待读入状态和已读入状态相邻，从而被正确的智能预取，Cache 命中率也较高。而在 AACS 中，由于终结状态被强制转移到自动机的尾部，智能预取部件无法正确预取该状态，仍然错误的预取相邻内存单元。因此在达到终结状态时，可以确定产生一次 Cache 不命中。故 AACS 虽然有更少的操作但无法保证实际匹配性能提高。

方法二，伪造终结状态编号。这种方法修改指向终结状态的转移，若对所有 $\delta(i,c)\to j$，其中 j 为终结状态，修改 $\delta(i,c)$ 为 $j+newstate$，这样当在原自动机中达到终结状态时，按本方法修改后的自动机的当前状态将大于 *newstate*。此时判断当前状态编号是否大于 *newstate* 即可快速判断自动机是否达到终结状态。在之后，令 $cur\leftarrow cur-newstate$，这样可得到正确的自动机状态编号，然后可以按照正常的 AAC 自动机进行状态转移。称使用该机制的 AAC 算法为 AACF(Advanced AC with Forged final state searial number)。AACF 的匹配动作如代码 6.6 所示。

```
1.    forpos ∈ [0. . . n - 1] do
2.        {cur←δ(cur, T[pos]);
3. if cur > newstate then
4.            { cur←cur - newstate; Report find matches of output[cur];}}
```

代码 6.6　AACF 算法匹配过程

AACF 的空间占用、状态转移时 Cache 失效率和智能预取失败率和 AAC 算法一致，但在发现模式匹配后，比 AAC 有更多的动作，因此，在出现大量匹配时，AAC 可能有更高的性能。

AACS 和 AACF 只更改匹配的动作，匹配时的时间复杂度和 AAC 一致，为 $O(n)$。在缓存压力较大时，求解 output[*cur*] 的查表过程同样会引发的缓存失效。在 AACS 和 AACF 中，大多数情况下无须计算 output[*cur*] 的值，只有在发现模式匹配时才求解 output[*cur*]。因此，AACS 和 AACF 在存储子系统压力较大时，虽然由减少操作以节省处理器时间所带来的性能提升有限，但这两个算法能降低缓存失效总次数，仍然能够有效地提高算法性能。

显然可通过在文本尾部接入模式串的方式将文本边界检查从每读入字符执行一次降低至每发现模式匹配后执行一次，但这样的改进将使 AAC 失去在线匹配的能力。因此，本章所述算法没有简化掉文本边界检查。

6.4　实验数据

在 2.5.4 节所述实验平台上，进行了 AAC 算法、AACS 算法和 AACF 算法的对比试验，实验数据见表 6－1 至表 6－7。其中在模式长为 72 时，10000 模式时，AAC 自动机因为空间占用接近本机申请内存最大 1GB 的限制，在某些匹配条件下因内存不足而无法运行，因此这里没有列出模式长 72、10000 条模式时的数据。在超长模式的大规模匹配时，可以考虑其他 AAC 自动机的实现方式，如完美 Hash、稀疏表、位图等方式实现，或者通过限制 Trie 的深度对 Trie 进行剪枝，但这些实现在小规模匹配的性能均低于本章所述二维表方法，本书没有比较这些算法的性能。

由实验数据可见，在二值文本，模式长度为 8 时，由于最多有 256 种可能的长度为 8 的串，在模式集大小为 100 或 100 以上时，几乎所有的位置都可能发生匹配。在该条件下，AAC 由于操作数目较少，性能最高。而在其他情况下，AACF 算法几乎总快于 AAC 算法，特别是在小规模匹配时，AACF 性能提升更为明显。但 AACS 只在个别情况下性能高于 AAC 算法，并且性能总是低于 AACF 算法，在实际匹配时，可以直接使用 AACF 算法。

表 6－1　在 $\sigma=2$ 随机文本上，AAC 系列算法匹配性能（单位：MB/s）

rand2	$m=8$				$m=24$				$m=72$		
$r=$	10	100	1000	10000	10	100	1000	10000	10	100	1000
AAC	285.2	143.0	120.5	120.5	246.7	101.3	14.9	9.6	267.7	93.8	13.0
AACS	286.0	127.5	116.0	115.4	225.5	93.7	14.8	9.8	237.1	91.8	12.4
AACF	296.3	98.7	109.3	110.5	296.8	110.4	15.2	10.0	312.7	97.8	14.1

表 6－2　在 $\sigma=16$ 随机文本上，AAC 系列算法匹配性能（单位：MB/s）

rand16	$m=8$				$m=24$				$m=72$		
$r=$	10	100	1000	10000	10	100	1000	10000	10	100	1000
AAC	276.3	192.6	56.4	10.6	275.6	184.5	40.3	16.1	286.6	185.2	37.4
AACS	260.0	183.0	50.9	9.8	248.2	177.2	33.5	18.3	250.9	170.9	31.4
AACF	333.9	217.5	62.4	10.3	336.3	202.2	47.4	18.6	334.2	207.6	45.9

表 6－3　在 $\sigma=64$ 随机文本上，AAC 系列算法匹配性能（单位：MB/s）

rand64	$m=8$				$m=24$				$m=72$		
$r=$	10	100	1000	10000	10	100	1000	10000	10	100	1000
AAC	289.5	196.1	65.2	10.4	274.1	198.9	55.9	18.9	249.4	179.7	52.1
AACS	258.8	198.2	68.8	9.9	249.9	193.8	54.8	21.5	251.3	185.2	48.2
AACF	307.5	225.5	76.9	10.3	335.5	221.6	59.5	21.9	334.1	224.4	66.7

表 6－4　在 $\sigma=254$ 随机文本上，AAC 系列算法匹配性能（单位：MB/s）

rand254	$m=8$				$m=24$				$m=72$		
$r=$	10	100	1000	10000	10	100	1000	10000	10	100	1000
AAC	未测试	219.5	94.7	31.6	未测试	215.1	90.2	34.1	未测试	212.0	80.7
AACS	未测试	202.2	92.4	31.8	未测试	199.2	85.6	38.2	未测试	189.7	75.9
AACF	未测试	244.9	109.8	35.8	未测试	228.0	102.7	40.9	未测试	231.9	97.9

表 6－5　在 DNA 序列上，AAC 系列算法匹配性能（单位：MB/s）

dna	$m=8$				$m=24$				$m=72$		
$r=$	10	100	1000	10000	10	100	1000	10000	10	100	1000
AAC	270.1	138.4	43.8	10.8	267.3	133.4	16.8	11.6	271.1	128.9	15.0
AACS	250.0	127.4	42.5	10.3	244.6	122.4	17.0	12.7	239.3	117.6	15.1
AACF	314.3	151.1	46.1	11.3	326.6	142.9	19.1	12.9	314.4	137.5	18.6

表6－6　在英文文本上，AAC系列算法匹配性能（单位：MB/s）

bible	$m=8$				$m=24$				$m=72$		
$r=$	10	100	1000	10000	10	100	1000	10000	10	100	1000
AAC	275.6	183.8	61.8	27.6	274.4	179.2	27.7	11.6	278.8	173.7	27.5
AACS	284.5	175.1	62.1	27.6	250.6	167.4	32.0	12.5	250.9	159.6	27.8
AACF	335.8	203.1	67.5	28.0	338.5	190.8	36.5	12.9	334.3	192.5	32.9

表6－7　在自然语言上，AAC系列算法匹配性能（单位：MB/s）

world192	$m=8$				$m=24$				$m=72$		
$r=$	10	100	1000	10000	10	100	1000	10000	10	100	1000
AAC	277.2	206.4	59.1	27.1	273.9	195.2	26.5	13.7	279.5	182.8	22.0
AACS	257.6	195.6	55.6	27.3	248.4	182.5	26.0	13.7	249.2	170.1	21.5
AACF	332.9	233.0	63.9	27.9	335.2	208.6	29.7	13.9	331.7	201.1	25.3

在2.5.4节所述实验平台上，进行了AAC自动机和Set DFA自动机的构建时间的对比试验，实验数据如表6－8至表6－13所示。

表6－8　在$\sigma=2$随机文本上，AAC与Set DFA的构建时间（单位：ms）

rand2	$m=8$				$m=24$				$m=72$		
$r=$	10	100	1000	10000	10	100	1000	10000	10	100	1000
AAC	0.24	1.66	9.99	87.18	0.79	8.61	83.75	792.08	3.11	30.94	346.98
Set DFA	0.10	1.18	9.12	87.11	0.39	4.28	45.83	476.30	1.64	17.10	166.81

表6－9　在$\sigma=16$随机文本上，AAC与Set DFA的构建时间（单位：ms）

rand16	$m=8$				$m=24$				$m=72$		
$r=$	10	100	1000	10000	10	100	1000	10000	10	100	1000
AAC	0.29	3.17	31.01	315.96	0.84	10.19	114.38	1201.92	3.04	32.26	368.32
Set DFA	0.12	1.60	15.81	177.78	0.42	4.71	57.15	625.39	1.61	17.50	168.63

表6－10　在$\sigma=64$随机文本上，AAC与Set DFA的构建时间（单位：ms）

rand64	$m=8$				$m=24$				$m=72$		
$r=$	10	100	1000	10000	10	100	1000	10000	10	100	1000
AAC	0.28	3.31	34.62	357.91	0.84	10.39	111.45	1267.43	3.12	32.75	367.65
Set DFA	0.11	1.65	16.66	196.19	0.41	4.81	54.56	684.93	1.67	17.74	167.22

表6－11　在DNA序列上，AAC与Set DFA的构建时间（单位：ms）

dna	$m=8$				$m=24$				$m=72$		
$r=$	10	100	1000	10000	10	100	1000	10000	10	100	1000
AAC	0.23	2.47	20.32	156.42	0.74	8.60	93.46	960.61	2.71	28.23	319.59
Set DFA	0.09	1.34	11.75	106.84	0.36	4.11	48.32	533.90	1.45	15.34	150.26

表 6-12　在英文文本上,AAC 与 Set DFA 的构建时间(单位:ms)

bible	$m=8$				$m=24$				$m=72$		
$r=$	10	100	1000	10000	10	100	1000	10000	10	100	1000
AAC	0.29	3.19	29.10	239.12	0.86	10.54	114.72	1161.44	3.11	33.88	385.06
Set DFA	0.12	1.62	15.37	147.93	0.40	4.85	57.69	634.72	1.64	18.14	177.32

表 6-13　在自然语言上,AAC 与 Set DFA 的构建时间(单位:ms)

world192	$m=8$				$m=24$				$m=72$		
$r=$	10	100	1000	10000	10	100	1000	10000	10	100	1000
AAC	0.24	2.82	26.07	220.99	0.71	8.71	96.42	972.29	2.56	27.54	312.30
Set DFA	0.10	1.44	13.31	130.98	0.32	4.05	48.62	521.38	1.35	14.95	145.88

由实验数据可见,Set DFA 的构造时间大约为 AAC 构造时间的一半左右,有效地提高了 AAC 的构造时间。

6.5　本章小结

本章改进了单模式匹配中的 DFA 算法的构建方法并将其推广到多模式匹配领域,提出了 Set DFA 自动机,并证明 Set DFA 自动机和 AAC 自动机一致,从而得到了 AAC 自动机的快速构建方法。该自动机构建方法简单、清晰、易于人工实现,其构造时间只有原 AAC 自动机构建方法的 50% 左右。这对于需要频繁变更关键词的多模式匹配应用有重要意义。本章最大贡献在于提出了 AC 失败函数的一种无迭代快速构造方法。由于 AC 算法,KMP 算法思想是串处理领域的重要工具,在各种串处理问题中得到广泛应用,并在计算机理论体系中处于重要位置。很多重要串处理问题,如线性求解最长重复子串问题、L-Gap 子串问题等,都需要借助 KMP 算法的前缀函数或 AC 失败函数。本章所述方法同样可以应用于这些问题中,以更快速地解决这些问题。同时,本章通过移动状态和伪造状态编号两个技术,提出了 AACS 和 AACF 两个算法。这两个算法简化了 AAC 自动机的匹配过程,使自动机状态转移时,无须查表即可判断当前状态是否为终结状态。实验表明,AACF 相对于 AAC 算法在小规模匹配时性能提升明显。

结论

字符串匹配作为计算机科学的一个基础问题,得到了极其广泛的应用,该领域中的成果将对诸如网络安全、信息检索、计算生物学、文本压缩、OCR 识别、自然语言处理等众多领域起到推进作用,该领域的研究有较大的意义。本书在精确单模式匹配领域和精确多模式匹配领域中进行了研究。

本书主要成果如下。

1. 基于目前已知二进制匹配速度最快的精确单模式匹配算法——Q - Hash，通过简化操作和深入挖掘 Hash 值中隐藏信息提高了最大跳跃距离，分别提出了 SQ - Hash，TQ - Hash 两个系列算法。

2. 本书分析了 Q - Hash 系列算法的时间复杂度，证明该系列算法的平均时间复杂度能达到精确单模式串匹配算法平均时间复杂度的下界，这是首个被证明有此平均时间复杂度的 Hash 类算法和实用后缀匹配类算法。并基于该分析，证明当目前使用最为广泛的精确多模式串匹配算法——Wu - Manber，在选择和 SQ - Hash 算法一致的 Hash 函数时，Wu - Manber 算法的平均时间复杂度可达到精确多模式串匹配算法平均时间复杂度的下界，而不是目前已知的接近该下界的亚线性时间复杂度。

3. 基于目前已知在中等字符集、中等模式长度下目前最快精确单模式匹配算法——EBOM，通过简化操作、引入 q - grams 机制、扩大 q - grams 机制中最大跳跃距离、并提出一种利用 Factor Oracle 自动机当前状态编号进行无须跳跃表的类后缀跳跃机制，分别提出了 SEBOM、BOMq、BOMq'、SufOMq、Suf_SEBOM 共五个系列算法。并将 EBOM、SEBOM、BOMq、SufOMq 算法扩展到多模式匹配领域，提出了 Set EBOM、Set SEBOM、Set BOMq、Set SufOMq 四个系列算法。

4. 基于目前已知极短字符串匹配中性能最高的 TVSBS 算法，通过引入了 q - grams 机制、利用自动机进行窗口内匹配、同时使用窗口内外字符信息进行跳跃等机制，分别提出了 TVSBSq、TVSBSqA、FQ - Hash 三个系列算法。并提出一种在研究后缀匹配类算法时通用的图例法，图例法可达到后缀匹配类算法最大的跳跃距离、简单、直观并可以直接翻译成算法预处理过程，为今后后缀匹配类算法研究提供方便。

5. 提出了一种和 AAC 自动机同构的 Set DFA 自动机，该自动机的构建时间复杂度和 AAC 自动机一致，但无须借助失败函数，代码简单，操作总数更少，并便于人工实现，Set DFA 的构造时间只有 AAC 自动机的 50% 左右。基于 AAC 算法，通过移动状态位置和伪造转移目标两个方法简化了 AAC 算法的操作，提出了 AACS 和 AACF 两个多模式匹配算法。

6. 本书在各匹配条件下，对本书提出的算法和已知算法进行了完整的对比实验，并给出了在各种匹配条件下性能最高的算法。

本书所述算法均在一定的匹配条件下性能高于其基础算法。实验数据显示，精确单模式匹配领域中，在字符集不同，模式长度不同的各种匹配条件下，本书提出的算法在 64.3% 的情况下，为目前已知最快算法（截至 2011 年 5 月）。精确多模式匹配领域中，本书提出的算法在多数情况下性能高于经典算法（AC、SBOM、BG），特别在小规模匹配时，性能提升非常明显。

本文对串匹配算法的改进方式主要集中于以下几点。

1. 合理安排算法流程，尽可能地对算法进行精简。

2. 采用 q - grams 机制降低分支预测失败率。

3. 充分挖掘已读入串信息，提高可跳跃算法最大跳跃距离。

4. 提出新的跳跃机制，并与现有跳跃机制进行结合，以期获得更高的性能。

以上四点改进方向属于串匹配类算法改进的通用改进方法。后续研究将尝试将这些改进方向与其他算法进行结合，以期获得其他高性能算法。并尝试将现有成果向字符串匹配的其他领域如正则表达式匹配，近似匹配，多维字符串匹配等领域进行扩展。

同时，鉴于现有算法大多已经达到串匹配算法平均时间复杂度的下界，从算法角度对现有算法的改进，新算法的性能提升空间已经很有限了。因此，为进一步提高匹配性能，在后续的研究中，也拟从以下角度进行探索。

1. 将现有算法并行化。目前，多核处理器已成为主流。鉴于字符串匹配的特性，在离线字符串匹配时，若处理器各核各处理文本的一部分，则现有算法可直接并行化，并能获得接近核心数目的加速比。文献[106]对这种多线程并行进行了讨论，并得到了很高的匹配性能。这种多核并行是今后串匹配算法的发展方向。但这种方法无法直接处理在线串匹配问题，将在线串匹配进行多核并行化仍然有较多的问题需要进行探索。

2. 在多核并行的基础上，可进一步考虑采用 GPU 进行串匹配的加速。GPU 的并行运算能力远高于通用处理器。目前，GPU 拥有数量巨大的流处理器，流处理器数目随着 GPU 更新换代还在快速上升。如 Nvdia GTX590 显卡，GPU 流处理器有 1024 个，AMD HD5970 显卡，GPU 流处理器有 3200 个，每个流处理器的主频为 1GHz 左右。与此同时，CUDA，OPENCL 等通用计算技术已经日臻成熟。若能通过 GPU 进行串匹配操作，将有望在个人计算机上达到万兆 bps 甚至万兆 bps 以上的匹配性能。

3. 量子计算是可预见的下一代计算模型，量子计算在众多领域表现出了惊人的能力，对众多已知问题，可得到平方级别，甚至指数级别的性能提升。目前，各种量子计算原型机不断出现，特别是 D – WAVE 公司的量子计算机“D – Wave One”已经实现商业化。在字符串匹配领域，量子计算也表现出惊人的能力，如文献[121]中指出，精确单模式匹配可以在 $\tilde{O}(\sqrt{n}+\sqrt{m})$ 的量子时间内完成匹配，这平方级别快于现有算法。目前，量子串匹配的研究刚刚开始，该领域发展远不及在通用处理器上的串匹配领域成熟，存在大量亟待解决的问题。因此，量子字符串匹配是一个极有发展前途的研究方向。

附录 A　精确单模式匹配领域对比试验

在精确单模式匹配领域，本书先后提出了 SQ－Hash，TQ－Hash、SEBOM、BOMq、BOMq'、SufOMq、Suf_SEBOM、TVSBSq、TVSBSqA、FQ－Hash 共十个（系列）算法。这些算法在一定的匹配条件下性能高于其基础算法。文献[1]中给出，在 2010 年该文献发表时，在模式长度 2～256时，性能最高的算法分别为 Shift－And[59]、AOSO[64]、SBNDMqb[66]、Q－Hash[46]、EBOM[57]、FSBNDM[57]、TVSBS[42]、FJS[44]（如图 2－5 所示）。而在文献[1]后，又有文献[70]发表，并提出 Q－Hash－4096[70]、BXS[70]、QF[70]算法。上述算法是目前已知性能最高的算法。为充分反映目前精确单模式匹配领域的研究现状，并使读者对精确单模式串匹配领域各算法性能有个整体的认识，在 2.5.4 节所述平台下，本节对上述所有算法进行了完整的对比实验。实验数据见表 A－1 至表 A－7，并由图 A－1 中给出在各种匹配条件下，匹配性能最高的算法分布图，红色字标出算法为本书所提出算法。

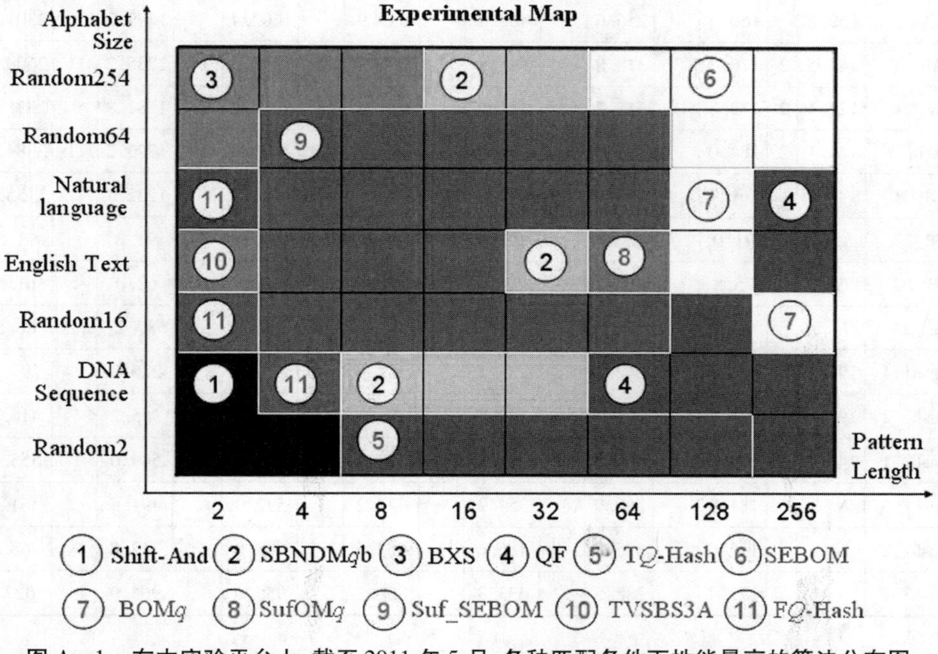

图 A－1　在本实验平台上，截至 2011 年 5 月，各种匹配条件下性能最高的算法分布图

表 A－1　在 $\sigma=2$ 随机文本上，对不同长度模式，各算法性能(单位：MB/s)

Random 2	2		4		8		16		32		64		128		256	
Shift－And	341.7		341.7		341.7		341.8		341.7		N/A		N/A		N/A	
AOSO	N/A		73.2	1	125.1	1	136.4	1	N/A		N/A		N/A		N/A	
SBNDMqb	177.9	2b	216.3	4b	486.4	6b	1075.8	6b	1560.7	6b	N/A		N/A		N/A	
Q－Hash	N/A		201.9	3	450.9	4	997.3	5	1895.1	6	2716.4	7	2241.8	7	2409.9	7
Q－Hash－4096	N/A		201.2	3	450.5	4	989.6	5	1911.7	6	2730.5	7	2252.2	7	2407.7	7
BXS	114.7	1	120.6	1	227.7	4	531.2	4	1085.3	5	1139.0	10	257.2	12	N/A	
QF	N/A		124.0	4,1	251.3	6,1	650.0	9,1	1855.1	9,1	2813.2	11,1	2127.4	9,1	3673.3	10,1
EBOM	162.7		137.3		222.7		421.5		802.7		1474.7		1377.7		2122.2	
FSBNDM	120.1		178.3		330.1		647.0		1244.2		N/A		N/A		N/A	
SBNDM_BMH	121.0		160.1		287.3		589.4		1141.3		N/A		N/A		N/A	
TVSBS	92.1		93.7		80.5		78.9		82.7		79.8		80.0		79.4	
FJS	154.5		153.0		150.6		158.4		199.8		261.5		355.6		413.7	
SQ－Hash	N/A		216.3	3	476.5	4	1033.6	5	2059.0	6	2729.3	7	2278.8	7	2415.9	7
TQ－Hash	N/A		271.7	3	654.5	5	1270.9	6	2107.4	7	2859.7	7	2292.9	7	2502.9	7
SEBOM	152.6		160.0		256.6		468.4		879.9		1602.4		1499.2		2301.8	
BOMq	147.5	2	178.7	3	318.8	5	595.5	7	1111.6	9	1990.6	11	1735.2	11	2600.0	12
BOMq′	122.4	2	179.8	3	316.2	5	541.0	7	935.4	8	1600.2	9	1581.8	9	2338.2	7
SufOMq	144.1	2	184.0	3	326.9	5	641.4	7	1160.3	9	2030.3	10	1773.2	11	2384.8	13
Suf_EBOM	149.3		161.7		249.0		371.2		614.8		1021.7		1232.7		1955.6	
TVSBS2_2A	89.4		91.0		88.0		88.5		88.0		90.3		91.2		91.5	
TVSBS3	77.3		75.8		63.0		61.8		64.8		62.1		62.0		61.5	
TVSBS3_2A	94.0		96.8		84.1		84.6		84.0		86.4		87.2		86.5	
FQ－Hash1_1	197.1		228.7		242.7		233.2		232.9		230.8		226.0		299.2	
FQ－Hash1_2	195.4		248.8		296.3		349.7		356.6		364.5		365.2		416.2	
FQ－Hash2_1	148.4		275.5		405.8		488.3		513.2		504.5		549.0		555.7	
FQ－Hash1_3	N/A		181.9		260.0		354.3		477.2		522.9		491.5		561.4	
FQ－Hash2_2	N/A		172.0		325.7		486.6		652.6		643.0		742.8		768.0	
FQ－Hash3_1	N/A		173.7		388.5		633.8		869.3		955.9		965.9		1027.6	

表 A－2　在 $\sigma=16$ 随机文本上，对不同长度模式，各算法性能（单位：MB/s）

Random 16	2		4		8		16		32		64		128		256	
Shift－And	341.3		341.3		341.4		341.3		341.3		N/A		N/A		N/A	
AOSO	N/A		256.8	2	474.3	4	774.5	8	N/A		N/A		N/A		N/A	
SBNDMqb	493.8	2b	902.9	2b	1875.3	2b	2781.9	2＋2b	3121.3	2＋2b	N/A		N/A		N/A	
Q－Hash	N/A		308.2	3	859.0	3	1729.7	3	2770.1	3	2979.1	3	2421.7	4	2635.7	4
Q－Hash－4096	N/A		307.4	3	853.0	3	1716.8	3	2754.5	3	2980.6	3	2454.7	5	3895.1	7
BXS	402.1	1	503.9	1	772.8	4	1713.6	4	2797.4	4	3068.9	5	3180.3	4	4144.4	5
QF	N/A		579.4	2,5	1204.0	2,5	2073.5	2,5	2951.1	4,3	3366.4	3,5	4014.7	3,5	6809.9	3,5
EBOM	452.4		1291.4		2375.8		2973.4		3040.6		3299.3		3637.7		4711.7	
FSBNDM	420.1		809.2		1441.7		2347.6		3025.3		N/A		N/A		N/A	
SBNDM_BMH	335.7		518.0		778.2		1407.5		2805.1		N/A		N/A		N/A	
TVSBS	399.5		584.0		981.8		1337.0		2475.6		2900.4		2258.6		2613.9	
FJS	451.7		675.9		1021.2		1469.3		1847.7		2045.7		2070.1		1851.4	
SQ－Hash	N/A		332.9	3	919.3	3	1824.6	3	2817.6	3	3015.3	3	2439.3	5	3927.9	7
TQ－Hash	N/A		508.6	3	1075.6	3	1919.8	3	2876.2	3	3075.1	3	2370.5	3	3957.9	7
SEBOM	453.0		1295.0		2417.9		3036.4		3104.2		3400.4		3957.7		6080.5	
BOMq	450.4	2	1273.5	2	2370.8	2	3012.4	2	3104.4	2	3400.6	2	3908.7	3	6900.2	3
BOMq′	203.7	2	576.7	2	1240.2	2	2213.6	2	2768.8	2	2943.6	2	2615.4	3	4371.0	3
SufOMq	451.4	2	1276.4	2	2416.9	2	3093.4	2	3188.2	2	3492.6	2	3934.1	3	6509.1	4
Suf_EBOM	453.8		1350.9		2455.7		3131.1		3192.5		3500.3		3682.7		4942.9	
TVSBS2_2A	427.9		625.4		1054.0		1414.7		2582.6		2909.4		2255.4		2575.3	
TVSBS3	301.7		417.0		639.8		862.0		1520.4		2365.3		2069.7		3454.3	
TVSBS3_2A	362.5		499.1		760.6		1011.5		1748.1		2523.7		2142.1		3529.7	
FQ－Hash1_1	512.2		835.6		1398.1		2324.7		3107.5		3150.1		2442.3		2799.7	
FQ－Hash1_2	386.7		750.1		1210.1		1981.5		2845.7		3078.4		2537.0		4190.0	
FQ－Hash2_1	N/A		705.9		1276.2		2210.2		2956.7		3106.4		2652.0		4363.8	
FQ－Hash1_3	N/A		528.3		859.9		1486.8		2375.5		2880.9		2493.6		4380.8	
FQ－Hash2_2	N/A		484.2		872.6		1523.6		2502.3		2970.5		2658.1		4601.7	
FQ－Hash3_1	N/A		401.7		824.0		1500.7		2564.2		2953.9		2562.2		4460.3	

表 A-3　在 $\sigma=64$ 随机文本上,对不同长度模式,各算法性能(单位:MB/s)

Random 64	2		4		8		16		32		64		128		256	
Shift-And	341.2		341.1		340.9		341.8		341.4		N/A		N/A		N/A	
AOSO	N/A		268.5	2	485.5	4	987.7	8	N/A		N/A		N/A		N/A	
SBNDMqb	510.2	2	944.5	2b	2117.5	2+2b	3234.3	2b	3309.3	2b	N/A		N/A		N/A	
Q-Hash	N/A		311.6	3	895.9	3	1873.4	3	2838.4	3	3031.9	3	2421.9	3	2726.4	3
Q-Hash-4096	N/A		311.2	3	890.4	3	1870.7	3	2827.6	3	3044.3	3	2482.1	4	4046.2	6
BXS	648.2	1	913.2	1	1460.3	1	2026.5	1	2911.4	4	3269.9	4	3672.8	2	6278.7	4
QF	N/A		612.6	2,6	1355.5	2,6	2549.3	2,6	3086.2	2,6	3410.0	2,7	4187.4	2,7	7270.9	2,7
EBOM	448.4		1356.8		2734.1		3304.9		3566.3		3679.0		4986.9		7820.9	
FSBNDM	524.0		1004.3		1814.6		2974.0		3323.5		N/A		N/A		N/A	
SBNDM_BMH	460.0		819.4		1332.0		1962.5		2585.4		N/A		N/A		N/A	
TVSBS	576.1		832.1		1296.6		2092.3		2898.3		3122.1		2624.4		4433.1	
FJS	602.1		947.1		1539.2		2436.2		2939.3		3129.3		2579.3		2667.5	
SQ-Hash	N/A		336.7	3	965.1	3	2003.0	3	2879.5	3	3074.3	3	2502.9	4	4077.6	6
TQ-Hash	N/A		520.2	3	1085.5	3	1986.3	3	2930.7	3	3131.0	3	2604.5	5	5178.1	7
SEBOM	458.8		1378.0		2748.4		3294.6		3551.3		3765.4		5203.1		8242.8	
BOMq	455.1	2	1340.7	2	2647.1	2	3256.7	2	3365.9	2	3757.9	2	5200.9	2	8176.5	2
BOMq′	203.1	2	580.9	2	1253.9	2	2285.7	2	2887.7	2	3056.7	2	2655.3	2	4755.0	2
SufOMq	455.5	2	1341.6	2	2655.1	2	3287.7	2	3375.3	2	3764.2	2	4973.7	2	7063.0	2
Suf_EBOM	459.8		1386.2		2766.8		3306.3		3635.8		3781.7		5141.6		7094.0	
TVSBS2_2A	531.2		765.7		1189.9		1910.1		2745.7		3001.3		2537.8		4233.5	
TVSBS3	471.2		630.5		902.1		1350.4		2065.1		2691.4		2402.5		4247.2	
TVSBS3_2A	427.8		578.7		835.1		1259.3		1955.8		2617.9		2286.7		4054.0	
FQ-Hash1_1	569.8		909.2		1486.5		2374.6		2997.3		2084.0		2659.6		4778.5	
FQ-Hash1_2	550.2		794.5		1211.9		1856.9		2637.0		2926.7		2530.2		4632.8	
FQ-Hash2_1	430.2		702.3		1158.0		1829.6		2635.4		2993.7		2631.4		4788.7	
FQ-Hash1_3	N/A		530.4		828.0		1315.5		2072.4		2789.4		2421.5		4400.5	
FQ-Hash2_2	N/A		482.6		809.1		1339.4		2144.1		2900.4		2580.2		4612.4	
FQ-Hash3_1	N/A		408.6		726.7		1333.3		2167.6		2905.2		2498.6		4490.9	

表 A－4　在 $\sigma = 254$ 随机文本上，对不同长度模式，各算法性能（单位：MB/s）

Random 254	2		4		8		16		32		64		128		256	
Shift－And	340.8		339.8		341.4		340.7		340.8		N/A		N/A		N/A	
AOSO	N/A		267.5	2	523.9	4	997.6	8	N/A		N/A		N/A		N/A	
SBNDMqb	500.4	2b	931.2	2b	1895.1	2b	3214.1	2b	3576.9	2b	N/A		N/A		N/A	
Q－Hash	N/A		311.2	3	875.0	3	1875.3	3	3041.6	3	3281.5	3	2622.8	3	2705.4	3
Q－Hash－4096	N/A		312.2	3	877.0	3	1899.0	3	3079.4	3	3303.1	3	2791.5	3	4288.0	4
BXS	743.4	1	1130.6	1	1902.0	1	2907.3	1	3372.2	1	3671.4	1	4328.2	2	6871.1	2
QF	N/A		611.8	2,6	1355.2	2,6	2546.9	2,6	3324.3	2,6	3703.1	2,6	4390.8	2,6	7208.5	2,7
EBOM	254.6		759.0		1571.1		2739.3		3396.1		3853.9		5326.7		7912.7	
FSBNDM	548.1		1043.0		1874.9		3018.0		3377.4		N/A		N/A		N/A	
SBNDM_BMH	496.0		932.6		1655.6		2712.7		3136.2		N/A		N/A		N/A	
TVSBS	637.6		925.0		1434.0		2286.7		2869.3		3092.1		2669.2		4744.7	
FJS	649.3		1033.7		1724.0		2728.9		3146.3		3265.2		2616.9		3116.6	
SQ－Hash	N/A		338.3	3	946.3	3	2032.4	3	3122.4	3	3345.4	3	2810.9	4	4328.5	4
TQ－Hash	N/A		540.0	3	1113.9	3	2040.8	3	2949.7	3	3154.9	3	2688.4	4	4638.6	4
SEBOM	253.1		757.8		1574.4		2744.3		3456.4		3877.0		5436.2		8038.7	
BOMq	247.2	2	740.9	2	1540.6	2	2712.0	2	3446.0	2	3866.5	2	5412.8	2	7991.5	2
BOMq′	102.3	2	312.2	2	697.6	2	1340.2	2	2173.0	2	2818.9	2	2553.5	2	4323.5	2
SufOMq	246.7	2	742.9	2	1541.5	2	2718.2	2	3454.2	2	3868.5	2	5397.3	2	7891.7	2
Suf_EBOM	255.1		764.3		1572.2		2748.0		3462.7		3873.6		5410.7		7888.5	
TVSBS2_2A	421.4		633.6		985.2		1557.6		2360.4		2837.4		2445.2		4314.7	
TVSBS3	362.0		495.7		739.0		1134.8		1719.1		2396.3		2243.3		4011.2	
TVSBS3_2A	289.0		392.7		580.3		894.5		1384.8		2066.2		1995.4		3575.6	
FQ－Hash1_1	308.4		505.7		846.5		1394.9		2107.5		2622.2		2391.3		4431.9	
FQ－Hash1_2	354.9		523.9		811.3		1303.5		1961.0		2498.1		2243.7		4177.2	
FQ－Hash2_1	283.3		470.2		799.7		1317.5		2012.1		2631.4		2352.7		4319.0	
FQ－Hash1_3	N/A		416.1		633.8		998.8		1548.1		2234.9		2113.5		3873.0	
FQ－Hash2_2	N/A		340.2		557.2		929.7		1484.1		2236.6		2150.0		3915.6	
FQ－Hash3_1	N/A		321.4		571.0		988.4		1593.0		2366.3		2218.3		4029.7	

表 A-5　在 DNA 序列上,对不同长度模式,各算法性能(单位:MB/s)

DNA	2		4		8		16		32		64		128		256	
Shift - And	341.2		341.2		341.2		341.8		341.3		N/A		N/A		N/A	
AOSO	N/A		131.4	1	245.6	2	385.1	4	N/A		N/A		N/A		N/A	
SBNDMqb	336.7	2b	549.6	2b	1149.0	4b	2164.7	4b	2980.6	6b	N/A		N/A		N/A	
Q - Hash	N/A		291.5	3	800.2	3	1563.4	3	2594.5	4	2946.5	4	2294.6	5	2484.0	6
Q - Hash - 4096	N/A		290.4	3	792.2	3	1543.1	3	2606.6	4	2962.6	4	2375.3	6	3741.5	7
BXS	165.5	1	217.0	1	417.7	1	994.3	4	1933.3	5	2306.2	5	1616.7	8	1158.0	12
QF	N/A		303.1	3,3	730.8	3,3	1620.7	4,3	2594.4	4,3	3115.2	5,3	3071.7	5,3	5005.3	5,3
EBOM	305.4		452.0		558.1		780.0		1289.1		2072.3		1875.2		3193.4	
FSBNDM	195.7		325.5		603.6		1065.2		1927.0		N/A		N/A		N/A	
SBNDM_BMH	176.0		289.6		532.9		935.5		1704.5		N/A		N/A		N/A	
TVSBS	239.5		302.8		487.7		660.7		559.3		1224.5		901.9		904.8	
FJS	219.7		230.2		283.7		417.2		351.9		448.5		422.7		426.6	
SQ - Hash	N/A		313.3	3	854.1	3	1627.0	3	2699.5	4	2980.7	4	2397.8	6	3771.4	7
TQ - Hash	N/A		443.8	3	973.7	3	1737.8	3	2780.2	4	3040.3	5	2522.4	7	4108.1	7
SEBOM	309.2		471.3		602.7		898.1		1513.0		2361.7		2243.4		3791.6	
BOMq	304.0	2	486.5	2	881.9	3	1434.2	4	2318.7	5	2893.4	5	2887.7	5	4478.1	5
BOMq′	175.7	2	380.7	3	692.5	3	1092.0	4	1799.0	4	2580.7	5	2195.3	5	3611.3	2
SufOMq	306.4	2	476.9	2	967.2	3	1538.5	4	2394.4	4	2963.4	5	2709.3	5	3765.3	7
Suf_EBOM	310.3		480.0		662.3		980.8		1549.0		2124.0		1942.8		2216.3	
TVSBS2_2A	302.4		387.4		611.9		781.7		707.1		1481.0		1112.0		1096.8	
TVSBS3	185.7		225.0		409.3		508.3		721.8		1732.6		894.8		1218.0	
TVSBS3_2A	235.7		323.8		572.8		693.0		1010.7		2114.2		1150.8		1528.9	
FQ - Hash1_1	280.8		437.0		727.2		1101.0		1434.9		1792.7		1669.7		1667.3	
FQ - Hash1_2	274.5		463.6		782.7		1258.5		1985.4		2594.3		2184.0		2253.3	
FQ - Hash2_1	298.8		585.8		1064.9		1773.1		2649.4		2945.0		2408.3		2549.7	
FQ - Hash1_3	N/A		364.2		628.0		1042.7		1775.8		2541.4		2085.1		2377.2	
FQ - Hash2_2	N/A		400.7		759.8		1323.1		2260.9		2876.9		2338.0		2729.7	
FQ - Hash3_1	N/A		351.9		768.8		1434.4		2467.1		2968.0		2331.8		2752.4	

表 A－6 在英文文本上，对不同长度模式，各算法性能（单位：MB/s）

bible	2		4		8		16		32		64		128		256	
Shift－And	341.8		338.0		339.2		341.9		340.8		N/A		N/A		N/A	
AOSO	N/A		177.3	2	437.7	4	705.1	8	N/A		N/A		N/A		N/A	
SBNDMqb	472.4	2b	886.8	2＋2b	1542.2	2＋2b	2536.4	4b	3010.1	6b	N/A		N/A		N/A	
Q－Hash	N/A		307.3	3	851.6	3	1819.0	3	2793.6	3	3047.4	3	2398.4	3	2744.0	4
Q－Hash－4096	N/A		308.8	3	861.5	3	1847.0	3	2817.7	3	3072.4	3	2486.7	4	3999.4	6
BXS	367.0	1	431.6	1	698.0	4	1629.5	4	2620.7	5	3025.3	5	2862.8	5	4079.9	5
QF	N/A		540.4	2,7	1053.6	2,6	1927.8	3,4	2818.6	4,3	3220.3	4,3	3448.3	4,4	5800.6	4,4
EBOM	428.1		1124.3		1568.1		2071.0		2298.7		2682.9		2687.6		4059.1	
FSBNDM	335.2		754.3		1007.2		1803.3		2340.3		N/A		N/A		N/A	
SBNDM_BMH	299.9		472.5		642.2		1258.8		1948.8		N/A		N/A		N/A	
TVSBS	420.3		655.1		909.0		1441.7		2271.7		2820.3		2240.0		2749.9	
FJS	393.9		668.1		888.9		1267.3		1763.8		2554.4		2198.7		2883.9	
SQ－Hash	N/A		333.3	3	924.9	3	1952.6	3	2863.1	3	3100.8	3	2518.2	4	4031.9	6
TQ－Hash	N/A		505.0	3	1051.7	3	1934.5	3	2898.7	3	3088.2	3	2554.5	5	4311.7	5
SEBOM	429.4		1135.4		1629.3		2185.9		2414.3		2852.1		3129.5		4954.3	
BOMq	427.2	2	1128.9	2	1630.7	2	2253.6	3	2680.5	3	3107.0	4	3495.3	3	5696.6	4
BOMq′	200.4	2	546.2	2	1008.4	2	1661.2	2	2334.4	3	2807.1	4	2433.7	3	3923.6	4
SufOMq	430.0	2	1136.1	2	1757.3	2	2622.9	2	2930.1	3	3260.4	3	3356.6	4	4976.1	5
Suf_EBOM	429.9		1156.1		1780.9		2659.2		2850.8		3125.2		2527.8		2844.1	
TVSBS2_2A	479.7		703.4		982.1		1615.0		2377.6		2828.3		2242.6		2680.7	
TVSBS3	433.7		518.0		697.9		1130.3		1858.6		2538.4		2223.5		3122.0	
TVSBS3_2A	488.1		626.0		811.6		1360.5		2093.9		2628.5		2252.9		3134.8	
FQ－Hash1_1	449.9		787.9		1207.8		2054.7		2778.9		3063.1		2384.2		2886.0	
FQ－Hash1_2	437.9		723.6		1135.8		1815.9		2614.8		3026.1		2392.5		3646.0	
FQ－Hash2_1	392.8		711.3		1213.5		2067.8		2795.1		3086.0		2498.3		3744.9	
FQ－Hash1_3	N/A		504.0		728.6		1262.2		2012.8		2740.3		2319.9		3747.0	
FQ－Hash2_2	N/A		499.7		817.0		1405.4		2212.4		2893.5		2476.4		3974.1	
FQ－Hash3_1	N/A		435.7		790.4		1414.3		2277.5		2897.8		2434.2		3883.8	

表 A－7　在自然语言文本上，对不同长度模式，各算法性能（单位：MB/s）

world192	2		4		8		16		32		64		128		256	
Shift－And	341.6		340.6		341.4		341.8		341.4		N/A		N/A		N/A	
AOSO	N/A		259.1	2	477.6	4	802.6	8	N/A		N/A		N/A		N/A	
SBNDMqb	491.7	2b	950.6	2＋2b	1784.7	2＋2b	2502.5	2＋2b	2926.3	2＋2b	N/A		N/A		N/A	
Q－Hash	N/A		309.9	3	860.4	3	1733.4	3	2774.3	3	2997.1	3	2375.3	3	2684.9	3
Q－Hash－4096	N/A		311.3	3	872.3	3	1760.7	3	2813.7	3	3009.5	3	2478.9	4	4018.6	6
BXS	467.2	1	573.7	1	780.0	1	1621.9	4	2632.2	5	3005.0	5	3103.9	4	4890.5	4
QF	N/A		574.7	2,6	1169.5	2,7	1829.8	3,4	2633.9	3,4	3126.8	4,3	3500.0	3,5	6289.4	3,5
EBOM	452.6		1242.0		2039.9		2380.1		2693.9		2960.8		3332.0		5020.6	
FSBNDM	418.9		879.7		1459.3		2218.2		2950.3		N/A		N/A		N/A	
SBNDM_BMH	351.9		549.7		842.2		1433.1		2258.1		N/A		N/A		N/A	
TVSBS	462.5		710.4		1093.6		1601.7		2713.9		3002.7		2392.0		3194.2	
FJS	459.6		776.8		1124.4		1428.8		2436.6		2712.9		2284.1		2376.8	
SQ－Hash	N/A		336.9	3	936.9	3	1858.7	3	2853.8	3	3024.1	3	2504.4	4	4078.2	6
TQ－Hash	N/A		517.8	3	1080.1	3	1949.5	3	2896.1	3	3094.9	3	2560.4	5	4262.2	6
SEBOM	450.9		1250.7		2098.7		2468.0		2783.9		3060.0		3597.2		5680.3	
BOMq	446.9	2	1228.7	2	2061.9	2	2454.3	2	2750.5	2	3064.4	3	3638.2	3	6157.5	3
BOMq′	199.9	2	557.7	2	1117.1	2	1783.4	2	2419.8	2	2744.6	3	2433.1	3	3931.1	3
SufOMq	447.7	2	1230.4	2	2124.6	2	2665.9	2	3040.8	2	3353.1	2	3378.3	3	5218.2	4
Suf_EBOM	450.0		1259.0		2193.5		2760.5		3156.3		3487.7		3143.5		3640.1	
TVSBS2_2A	496.6		710.5		1100.9		1781.3		2631.3		2909.6		2311.8		3083.1	
TVSBS3	388.4		515.4		801.6		1197.0		2032.6		2506.9		2216.7		3563.0	
TVSBS3_2A	452.8		573.9		868.9		1410.3		2097.3		2511.9		2172.5		3523.7	
FQ－Hash1_1	502.8		854.9		1365.7		2116.9		2956.2		3100.8		2463.7		3314.3	
FQ－Hash1_2	461.1		782.7		1187.8		1805.7		2691.8		2921.9		2418.9		3844.6	
FQ－Hash2_1	396.2		696.9		1175.1		1964.1		2738.4		2988.4		2500.7		4031.9	
FQ－Hash1_3	N/A		544.7		799.9		1249.6		2096.4		2692.5		2324.2		3782.2	
FQ－Hash2_2	N/A		492.4		801.0		1348.5		2167.9		2814.1		2445.6		4059.6	
FQ－Hash3_1	N/A		422.5		770.5		1352.8		2209.3		2816.7		2394.9		3991.4	

本实验中，参考算法性能与文献[1]中给出实验算法基本一致。

大多数位并行算法可以进行扩展以匹配长度超过机器字长的模式串，但各位并行算法的扩展机制并没有明确给出。为避免本试验中的实现与真实性能不符，本实验中所有位并行算法，并没有进行长模式扩展，未测试模式长度长于机器字长时的具体性能。而对于对比算法 AOSO[64]，由于该算法中使用了开销极大的对数函数，并且该文献中并未给出对数函数的具体实现。发现本实验中所实现的该算法的性能总是低的。我们尝试在 AOSO 中使用目前已知最快的 lg 函数[122]，该函数基于 De Bruijn 序列，在 $O(\lg N)$ 时间复杂度内完成对数运算。发现此时算法整体匹配性能虽比采用标准库函数时有接近一倍的性能提升，但仍然无法达到可与其他算法竞争的性能。本实验中给出的 AOSO 的相关数据均基于该快速对数算法。采用 deBruijn 序列的 lg 函数如代码 A. 1 所示。

```
unsigned int v; // find the log base 2 of 32 - bit v
int r;          // result goes here
static const int MultiplyDeBruijnBitPosition[32] =
{ 0,9,1,10,13,21,2,29,11,14,16,18,22,25,3,30,
  8,12,20,28,15,17,24,7,19,27,23,6,26,5,4,31};
v |= v>>1; v |= v>>2;v |= v>>4;v |= v>>8;v |= v>>16;
r = MultiplyDeBruijnBitPosition[(unsigned int)(v * 0x07C4ACDDU)>>27];
```

代码 A. 1　快速对数运算

但根据文献[1]中数据，只有在二进制文本，模式长度为 8 时，AOSO 是该文献对比算法中性能最高的算法，匹配时间低于 3 - Hash 算法 25% 左右（在文献[1]中，AOSO 匹配用时 11. 5ms，Q - Hash 匹配用时 14. 4ms）。而本实验在该匹配条件下，TQ - Hash 的匹配速度高于 Q - Hash 45% 以上（即匹配时间低于 Q - Hash 32% 左右），因此我们有理由相信，虽然我们未能实现 AOSO 的最优实现，在二进制文本，模式长度为 8 的时候，TQ - Hash 算法性能高于 AOSO 算法。

根据图附 A - 1，在本书所述匹配条件下（ - O3 编译，默认开启分支预测和智能预取，模式长度为 2、4、8、16、32、64、128、256，文本为字符集大小为 2、16、64、256 的随机文本、DNA 序列、英文文本、自然语言文本），64. 3% 的匹配条件中，性能最优的算法为本书所提出算法。

附录 B　精确多模式匹配领域对比试验

在精确多模式匹配领域，本书先后提出了 AACS、AACF、Set EBOM、Set SEBOM、Set BOMq、Set SufOMq 共六个(系列)算法。所有的算法均在一定的匹配条件下性能高于其基础算法。为充分反映目前精确多模式匹配领域的研究现状，并使读者对精确多模式串匹配领域各算法性能有个整体的认识，在 2.5.4 节所述平台下，进行了完整的对比实验。所选择的对比算法为 AAC 算法、Set BOM、BG 算法。表 B.1 至表 B.7 中对比了目前各种匹配条件下，性能最高的经典算法和本书所述算法中性能最高的算法的匹配速度。由该实验数据可见，本书所提出的算法在多个匹配条件下，性能均高于经典算法，而且性能提升明显。

我们没有选择经典的 Wu – Manber 算法作为对比算法，其原因在于 Wu – Manber 中使用了 Hash 机制，但该算法作者并没有指出使用哪种 Hash 机制的性能较高，实验中发现使用不同的 Hash 机制的 Wu – Manber 算法的匹配性能差别很大。同时，尚未探明各种情况下使用何种 Hash 机制是最优的，进而无法得到 Wu – Manber 的最佳性能。故在本章中没有列出 Wu – Manber 的性能。

表 B – 1　在 $\sigma=2$ 随机文本上，经典算法和本书提出算法性能对比(单位：MB/s)

RAND2		经典算法		本书提出算法		性能提高
$m=8$	r = 10	AAC	285.2	AACF	296.3	3.9%
	r = 100	AAC	143.0	AACS	127.5	–10.8%
	r = 1000	AAC	120.5	AACS	116.0	–3.7%
	r = 10000	AAC	120.5	AACS	115.4	–4.2%
$m=24$	r = 10	Set BOM	253.1	Set SufOM10	339.3	34.1%
	r = 100	AAC	101.3	AACF	110.4	9.0%
	r = 1000	AAC	14.9	Set BOM5	16.2	8.7%
	r = 10000	AAC	9.6	AACF	10.0	4.2%
$m=72$	r = 10	Set BOM	626.8	Set SufOM14	746.4	19.1%
	r = 100	Set BOM	140.5	Set BOM15	154.2	9.8%
	r = 1000	Set BOM	45.5	Set BOM7	47.5	4.4%

表 B－2　在 $\sigma=16$ 随机文本上，经典算法和本书提出算法性能对比（单位：MB/s）

RAND16		经典算法		本书提出算法		性能提高
$m=8$	r＝10	Set BOM	604.6	Set SufOM3	1467.3	142.69%
	r＝100	Set BOM	348.8	Set SufOM3	603.6	73.05%
	r＝1000	BG3G6B	154.6	Set SufOM4	126.1	－18.43%
	r＝10000	Set BOM	33.8	Set BOM4	37.2	10.06%
$m=24$	r＝10	BG2G6B	1313.6	Set SufOM3	2939.5	123.77%
	r＝100	BG3G6B	863.6	Set BOM4	1052.0	21.82%
	r＝1000	BG3G6B	511.5	Set BOM3	275.1	－46.22%
	r＝10000	Set BOM	93.5	Set BOM5	101.5	8.56%
$m=72$	r＝10	Set BOM	2069.7	Set SufOM3	2778.2	34.23%
	r＝100	Set BOM	823.9	Set SufOM3	1326.0	60.94%
	r＝1000	Set BOM	332.4	Set BOM5	367.2	10.47%

表 B－3　在 $\sigma=64$ 随机文本上，经典算法和本书提出算法性能对比（单位：MB/s）

RAND64		经典算法		本书提出算法		性能提高
$m=8$	r＝10	Set BOM	896.2	Set SufOM2	2474.1	176.07%
	r＝100	BG2G6B	794.7	Set BOM3	1411.1	77.56%
	r＝1000	BG2G	410.3	Set BOM3	284.6	－30.64%
	r＝10000	BG3G6B	224.0	Set BOM3	115.0	－48.66%
$m=24$	r＝10	BG2G	1829.7	Set SufOM2	2756.6	50.66%
	r＝100	BG2G6B	1386.3	Set BOM3	1960.1	41.39%
	r＝1000	BG2G	892.2	Set BOM3	511.7	－42.65%
	r＝10000	BG3G6B	354.7	Set BOM4	152.0	－57.15%
$m=72$	r＝10	SetBOM	2291.9	Set BOM3	3338.2	45.65%
	r＝100	Set BOM	1388.5	Set BOM3	2231.5	60.71%
	r＝1000	Set BOM	531.8	Set BOM3	624.2	17.37%

表 B－4　在 $\sigma=254$ 随机文本上，经典算法和本书提出算法性能对比（单位：MB/s）

RAND254		经典算法		本书提出算法		性能提高
$m=8$	r＝100	Set BOM	724.7	Set SufOM2	1335.7	84.31%
	r＝1000	BG2G	558.4	Set SufOM2	512.9	－8.15%
	r＝10000	BG2G	279.2	Set BOM3	144.9	－48.10%
$m=24$	r＝100	Set BOM	1458.8	Set SufOM2	2529.9	73.42%
	r＝1000	BG2G	1121.2	Set SufOM2	933.1	－16.78%
	r＝10000	BG2G	455.8	Set BOM3	245.5	－46.14%
$m=72$	r＝100	Set BOM	1707.2	Set SufOM2	2601.5	52.38%
	r＝1000	Set BOM	493.4	Set BOM3	729.4	47.83%

表 B－5　在 DNA 序列上，经典算法和本书提出算法性能对比（单位：MB/s）

DNA		经典算法		本书提出算法		性能提高
$m=8$	r＝10	AAC	270.1	Set BOM4	448.3	65.98%
	r＝100	AAC	138.4	AACF	151.1	9.18%
	r＝1000	AAC	43.8	AACF	46.1	5.25%
	r＝10000	AAC	10.8	AACF	11.3	4.63%
$m=24$	r＝10	SetBOM	624.7	Set SufOM6	1088.4	74.23%
	r＝100	SetBOM	260.8	Set BOM7	311.0	19.25%
	r＝1000	SetBOM	56.3	Set BOM8	64.6	14.74%
	r＝10000	SetBOM	23.8	Set BOM9	26.1	9.66%
$m=72$	r＝10	SetBOM	1191.3	Set BOM7	1658.2	39.19%
	r＝100	SetBOM	317.1	Set SufOM6	371.8	17.25%
	r＝1000	SetBOM	86.9	Set BOM6	94.3	8.52%

表 B－6　在英文文本上，经典算法和本书提出算法性能对比（单位：MB/s）

bible		经典算法		本书提出算法		性能提高
$m=8$	r＝10	SetBOM	377.5	Set SufOM3	868.4	130.04%
	r＝100	AAC	183.8	Set BOM4	215.3	17.14%
	r＝1000	AAC	61.8	AACF	67.5	9.22%
	r＝10000	AAC	27.6	AACF	28.0	1.45%
$m=24$	r＝10	BG2G	903.5	Set SufOM4	1675.9	85.49%
	r＝100	BG2G	509.8	Set SufOM5	482.7	－5.32%
	r＝1000	BG3G6B	156.4	Set SufOM4	66.4	－57.54%
	r＝10000	SetBOM	16.4	Set BOM3	16.9	3.05%
$m=72$	r＝10	SetBOM	1475.0	Set SufOM5	2191.5	48.58%
	r＝100	SetBOM	515.7	Set SufOM5	624.8	21.16%
	r＝1000	SetBOM	98.1	Set SufOM6	109.4	11.52%

表 B－7　在自然语言上，经典算法和本书提出算法性能对比（单位：MB/s）

world192		经典算法		本书提出算法		性能提高
$m=8$	r＝10	SetBOM	402.9	Set SufOM3	831.0	106.25%
	r＝100	AAC	206.4	AACF	233.0	12.89%
	r＝1000	AAC	59.1	AACF	63.9	8.12%
	r＝10000	AAC	27.1	AACF	27.9	2.95%
$m=24$	r＝10	BG2G	932.1	Set SufOM3	1650.0	77.02%
	r＝100	BG2G	517.7	Set SufOM4	425.0	－17.91%
	r＝1000	BG3G6B	86.7	AACF	29.7	－65.74%
	r＝10000	AAC	13.7	AACF	13.9	1.46%
$m=72$	r＝10	SetBOM	1434.6	Set SufOM4	2166.6	51.02%
	r＝100	SetBOM	293.9	Set SufOM5	373.1	26.95%
	r＝1000	SetBOM	52.1	Set BOM6	53.5	2.69%

参考文献

[1]SIMONE FARO,THIERRY LECROQ. The exact string matching problem:a comprehensive experimental evaluation. CoRR,2010.

[2]http://tech. qq. com/a/20110215/000124. htm.

[3]http://security. zdnet. com. cn/security_zone/2010/0909/1879994. shtml.

[4]B. CALDER,N. TUCH. T. Sherwood and G. varghese. Deterministic memory - efficient string matching algorithms for intrusion detection[J]. Proceedings - IEEE INFOCOM,2004, 4(11):2628 -2639.

[5]http://www. snort. org.

[6]http://tech. sina. com. cn/d/2011 -05 -24/09475562923. shtml .

[7] G. Navarro, M. Raffinot. Flexible Pattern Matching in Strings— Practical On - Line Search Algorithms for Texts And Biological Sequences[M]. Cambridge: Cambridge University Press,2002.

[8]A. C. Yao. The complexity of pattern matching for a random string[J]. Siam Journal on Computing,1979,8(3):368 -387.

[9]J. H. Morris,Jr and V. R. Pratt. A linear pattern - matching algorithms[C]. IEEE Conference Record of Symposium on Switchin,1973:1 -11.

[10]R. S. Boyer and J. S. Moore. A fast string searching algorithm[J]. Communications of the Acm. 1977, 20(10):762 -772.

[11] M. Crochemore and W. Rytter. Text algorithms [M]. Oxford: Oxford University Press,1994.

[12]L. He,B. Fang,and J. Sui. The wide window string matching algorithm[J]. Theoretical Computer Science, 2005, 332(1 - 3):391 -404.

[13]C. Allauzen and M. Raffinot. Simple optimal string matching algorithm[M]. Heidelberg: Springer Berlin Heidelberg,2000.

[14]M. Crochemore,A. Czumaj,L. G,etal. Speeding up two string matching algorithms[J]. Algorithmica,1994,12(4/5):247 - 267.

[15]http://en. wikipedia. org/wiki/Time_Stamp_Counter.

[16]T. H. Cormen,C. E. Leiserson,R. L. Rivest,etal. Introduction to Algo rithms[M]. MIT Press,second edition,2001.

[17]D. E. Knuth,J. H. Morris,J. R,etal. Fast pattern matching in strings[J]. SIAM J. Comput. 1977,6(1):323 - 350.

[18]R. N. Horspool. Practical fast searching in strings[J]. Software Practice & Experience, 1980, 10(6):501-506.

[19]Z. Galil and J. Seiferas. Time-space optimal string matching[J]. Journal of Computer & System Sciences, 1981, 26(3):280-294.

[20]A. Apostolico and R. Giancarlo. The Boyer-Moore-Galil string searching strategies revisited[J]. Siam Journal on Computing, 1986, 15(1):98-105.

[21]R. M. Karp and M. O. Rabin. Efficient randomized pattern-matching algorithms[J]. Ibm Journal of Research & Development, 1987, 31(2):249-260.

[22]R. F. Zhu and T. Takaoka. On improving the average case of the Boyer-Moore string matching algorithm[J]. Journal of Information Processing, 1988, 10(3):173-177.

[23]D. M. Sunday. A very fast substring search algorithm[J]. Communications of the Acm, 1990, 33(8):132-142.

[24]A. Apostolico and M. Crochemore. Optimal canonization of all substrings of a string[J]. Information & Computation, 1991, 95(95):76-95.

[25]M. Crochemore and D. Perrin. Two-way string-matching[J]. Journal of the Acm, 1991, 38(3):650-674.

[26]A. Hume and D. M. Sunday. Fast string searching[J]. Software Practice & Experience, 1991, 21(11):1221-1248.

[27]L. Colussi. Correctness and efficiency of the pattern matching algorithms[J]. Information & Computation, 1991, 95(2):225-251.

[28]P. D. Smith. Experiments with a very fast substring search algorithm[J]. Software Practice & Experience》, 1991, 21(10):1065-1074.

[29]Colussi L, Galil Z, Giancarlo R. On the exact complexity of string matching[C]// Symposium on Foundations of Computer Science. IEEE Computer Society, 1990:vol. 1.

[30]T. Raita. Tuning the Boyer-Moore-Horspool string searching algorithm[J] Software Practice & Experience. 1992, 22(10):879-884.

[31]M. Crochemore. String-matching on ordered alphabets[J]. Theoretical Computer Science, 1992, 92(1):33-47.

[32]Hancart C. Analyse exacte et en moyenne dálgorithmes de recherche dún motif dans un texte[J]. Ref, 1993.

[33]M. Crochemore, A. Czumaj, L. G etal. Speeding up two string matching algorithms[J]. Algorithmica, 1994, 12(4/5):247-267.

[34]L. Colussi. Fastest pattern matching in strings[J]. Algorithms, 1994, 16(2):163-189.

[35]Charras C, Lecrog T, Pehoushek J D. A very fast string matching algorithm for small alphabets and long patterns[C]. Springer-Verlag, 1998:55-64.

[36]T. Berry and S. Ravindran. A fast string matching algorithm and experimental results [J]. Czech Technical University, Prague, Czech Republic, 1999, 99(9), 55-64.

[37]M. Ahmed, M. Kaykobad, and R. A. Chowdhury. A new string matching algorithm[J]. International Journal of Computer Mathematics, 2003, 80(7):825 - 834.

[38]Cantone D, Faro S. Fast - Search: A New Efficient Variant of the Boyer - Moore String Matching Algorithm[C]. International Conference on Experimental and Efficient Algorithms. Springer - Verlag, 2003:47 - 58.

[39]Cantone D, Faro S. Fast - Search Algorithms: New Efficient Variants of the Boyer - Moore Pattern - Matching Algorithm. [J]. 2005, 10(5):589 - 608.

[40]D. Cantone and S. Faro. Searching for a substring with constant extraspace complexity [J]. In P. Ferragina and R. Grossi, editors, Proc. of Third International Conference on Fun with algorithms, 2004, 118 - 131.

[41]S. S. Sheik, S. K. Aggarwal, A. Poddar, etal. A fast pattern matching algorithm[J]. Chem. Inf. Comput. 2004, 44:1251 - 1256.

[42]R. Thathoo, A. Virmani, S. Sai Lakshmi, etal. TVSBS: A fast exact pattern matching algorithm for biological sequences[J]. Indian Acad. Sci., Current Sci. 2006, 91(1):47 - 53.

[43]M. E. Nebel. Fast string matching by using probabilities: on an optimal mismatch variant of Horspool's algorithm[J]. Theor. Comput. Sci. 2006, 359(1):329 - 343.

[44]F. Franek, C. G. Jennings, and W. F. Smyth. A simple fast hybrid pattern matching algo - rithm[J.]Discret. Algorithms, 2007, 5(4):682 - 695.

[45]M. A. Sustik and J. S. Moore. String searching over small alphabets[J]. In Technical Report TR - 07 - 62, Department of Computer Sciences, University of Texas at Austin, 2007.

[46]T. Lecroq. Fast exact string matching algorithms[J]. Information Processing Letters, 2007, 102(6):229 - 235.

[47]A. Hudaib, R. Al - Khalid, D. Suleiman, M. Itriq, etal. A fast pattern matching algorithm with two sliding windows(TSW)[J]. Comput. Sci. 2008, 4(5):393 - 401.

[48]Kalsi P, Peltola H, Tarhio J. Comparison of Exact String Matching Algorithms for Biological Sequences[C]// Bioinformatics Research and Development, Second International Conference, BIRD 2008, Vienna, Austria, July 7 - 9, 2008, Proceedings. DBLP, 2008:417 - 426.

[49]Deusdado S, Carvalho P. GRASPm: an efficient algorithm for exact pattern - matching in genomic sequences. [J]. International Journal of Bioinformatics Research & Applications, 2009, 5(4):385.

[50]Holub J, Zdárek J. Proceedings of the Prague Stringology Conference, Prague, Czech Republic, August 28 - 30, 2006[C]// Prague Stringology Conference. 2006.

[51]Lecroq T. A variation on the Boyer - Moore algorithm[J]. Theoretical Computer Science, 1992, 92(1):119 - 144.

[52]Simon I. String matching algorithms and automata[C]. Colloquium in Honor of Arto Salomaa on Results and Trends in Theoretical Computer Science. Springer - Verlag, 1994:386 - 395.

[53]Crochemore M, Rytter W. Text algorithms[M]. Oxford :Oxford University Press, Inc.

1994.

[54]Allauzen C, Crochemore M, Raffinot M. Factor Oracle: A New Structure for Pattern Matching. Sofsem 99, Theory and Practice of Informatics, Conference on Current Trends in Theory and Practice of Informatics, Milovy, Czech Republic, November 27 – December 4, 1999[C], Proceedings. DBLP, 1999:295 –310.

[55]C. Allauzen and M. Raffinot. Simple optimal string matching algorithm[J]. Algorithms, 2000,36(1):102 – 116.

[56]Liu C, Wang Y, Liu D, etal. Two Improved Single Pattern Matching Algorithms[C]// International Conference on Artificial Reality and Telexistence – – Workshops. IEEE Xplore, 2006:419 –422.

[57]S. Faro and T. Lecroq. Efficient variants of the Backward – Oracle – Matching algo – rithm[J]. International Journal of Foundations of Computer Science, 2012, 20(06):967 –984.

[58]K. Fredriksson. Succinct backward – DAWG – matching[J]. Journal of Experimental Algorithmics, 2008, 13(13).

[59]Baeza – Yates R A, Gonnet G H. A new approach to text searching[C]// The, International ACM SIGIR Conference. ACM, 1989:168 –175.

[60]Navarro G, Raffinot M. A bit – parallel approach to suffix automata: Fast extended string matching[J]. Lecture Notes in Computer Science, 2006, 1448(1448):14 –33.

[61]G. Navarro and M. Raffinot. Fast and exible string matching by combining bit – paral – lelism and suffix automata. ACM [J]. Experimental Algorithmics,2004,5:4.

[62]Peltola H, Tarhio J. Alternative Algorithms for Bit – Parallel String Matching[C]// String Processing and Information Retrieval, International Symposium, Spire 2003, Manaus, Brazil, October 8 –10, 2003, Proceedings. DBLP, 2003:80 –94.

[63]Holub J. Fast Variants of Bit Parallel Approach to Suffix Automata[J]. URL: http:// www. cri. haifa. ac. il/events/2005/string/presentations/ Holub. pdf, 2005. Talk given in The Second Haifa Annual International Stringology Researh Workshop of the Israeli Science Foundation, 2005.

[64]Fredriksson K, Grabowski S. Practical and Optimal String Matching[C]// String Processing and Information Retrieval, International Conference, Spire 2005, Buenos Aires, Argentina, November 2 –4, 2005, Proceedings. DBLP, 2005:376 –387.

[65]Lekci M O, uzhan. A Method to Overcome Computer Word Size Limitation in Bit – Parallel Pattern Matching. [C]// Algorithms and Computation, International Symposium, ISAAC 2008, Gold Coast, Australia, December 15 –17, 2008. Proceedings. 2008.

[66]Branislav, Holub J, Peltola H, etal. Tuning BNDM with q – Grams. [C]// Meeting on Algorithm Engineering & Expermiments. Society for Industrial and Applied Mathematics, 2009.

[67]G. Zhang, E. Zhu, L. Mao, etal. A Bit – Parallel Exact String Matching Algorithm for Small Alphabet[C]. 3d International Workshop on Frontiers in Algorithmics. Springer – Verlag, 2009:336 –345.

[68]D. Cantone,S. Faro,and E. Giaquinta. Cantone D, Faro S, Giaquinta E. Bit -(Parallelism) 2 : Getting to the Next Level of Parallelism[M]. Springer Berlin Heidelberg, 2010.

[69]D. Cantone, S. Faro, and E. Giaquinta. A compact representation of nondeterministic (suffix) automata for the bit - parallel approach[M]. ISpringer - Verlag, Berlin, 2010.

[70]B. Durian, H. Peltola, L. Salmela, etal. Bit - Parallel Search Algorithms for Long Patterns[C]. International Conference on Experimental Algorithms. Springer - Verlag, 2010.

[71]A. V. Aho, M. J. Corasick. Efficient string matching: an aid to bibliographic search[J]. Communications of the ACM, 1975, 18: 333 - 340.

[72]S. Wu, U. Manber. A fast algorithm for multi - pattern searching[J]. University of Arizona, Tucson, AZ, 1994.

[73]贺龙涛. 最优串匹配算法及其在网络安全中的应用[D]. 哈尔滨:哈尔滨工业大学,2005.

[74]K. Fredriksson, S. Grabowski. Average - optimal string matching[J]. Journal of Discrete Algorithms, 2009, 7(4): 579 - 594.

[75]C. Allauzen, M. Crochemore, M. Raffinot. Efficient experimental string matching by weak factor recognition. In proceedings of the 12th Annual Symposium on Combinatorial Pattern Matc - hing, volume 2089 of LNCS[C]. Springer - Verlag, 2001.

[76]G. Navarro, K. Fredriksson. Average complexity of exact and approximate multiple string matching[J]. Theoretical Computer Science, 2004, 321(2 - 3): 283 - 290.

[77]C. Walter. A string matching algorithm fast on the average[C]. Colloquium, on Automata, Languages and Programming. Springer - Verlag, 1979.

[78]Longtao He, Binxing Fang, Jie Sui. The Wide Window String Matching Algo - rithm[J]. Theoretical Computer Science, 2005, 332(1 - 3): 391 - 404.

[79]L. Salmela, J. Tarhio, J. Kytojoki. Multipattern string matching with q - grams[J]. Journal of Experimental Algorithmics, 2007, 11(11): 1 - - 19.

[80]http://en. wikipedia. org/wiki/Burrows%E2%80%93Wheeler_transform.

[81]U. Manber and G. Myers. Suffix arrays: a new method for on - line string searches[J]. Siam Journal on Computing, 1993, 22(5): 935 - 948.

[82]http://en. wikipedia. org/wiki/Suffix_array .

[83]R. M. Karp and M. O. Rabin. Efficient randomized pattern - matching algorithms. IBM Journal of Research and Development, 1987, 31(2): 249 - 260.

[84]http://en. wikipedia. org/wiki/Trie.

[85]J. Nieminen and P. Kilpelinen. Efficient implementation of Aho - Corasick pattern matching automata using Unicode[J]. Software Practice & Experience 2010, 37(6): 669 - 690.

[86]李志东,杨武,张汝波,等. 基于异构隐式存储的多模式匹配算法[C]. 中国计算机网络安全应急年会, 2008.

[87]Salmela L, Tarhio J. Multipattern string matching with q - grams[J]. Journal of Experimental Algorithmics, 2007, 11(11): 1 - 19.

[88]Ping Liu,Yan - bing Liu and Jian - long Tan. A partition - based efficient algorithm for large scale multiple - strings matching[C]. International Conference on String Processing and Information Retrieval. Springer - Verlag, 2005:399 -404.

[89]O. Erdogan,C. Pei. Hash - AV:Fast Virus Signature Scanning by Cache - Resident Filters[C]. IEEE GLOBECOM 2005 proceedings,2005.

[90]A. Broder,M. Mitzenmache. Andrei Broder, Michael Mitzenmacher. Network Applications of Bloom Filters: A Survey[J]. Internet Mathematics, 2003, 1(4):485 -509.

[91]Dai Liuling. An aggressive algorithm for multiple string matching[J]. Information Processing Letters, 2009, 109(11):553 -559.

[92]黄鲲. 字符串匹配多级并行算法研究[D]. 广州:华南理工大学,2009.

[93]谭建龙. 串匹配算法及其在网络内容分析中的应用[D]. 北京:中国科学院计算技术研究所,2003.

[94]钟诚. 串匹配于序列查找并行算法研究[D]. 北京:中国科技大学,2003.

[95]何艮. 快速精确字符串匹配算法研究[D]. 合肥:合肥工业大学,2010.

[96]范洪博. 高性能精确单模式串匹配算法研究[D]. 哈尔滨:哈尔滨工程大学 ,2009.

[97]姚保峰. 模式匹配算法研究及其在 IDS 中的应用[D]. 合肥:合肥工业大学,2009.

[98]邓惠俊. 多模式匹配算法的研究[D]. 合肥:合肥工业大学,2009.

[99]李雪. 大规模特征串匹配技术的研究[D]. 北京:北京邮电大学,2008.

[100]刘燕兵. 串匹配算法优化技术研究[D]. 北京:中国科学院计算技术研究所,2006.

[101]J. Aoe. Aoe J I. An Efficient Digital Search Algorithm by Using a Double - Array Structure[J]. IEEE Transactions on Software Engineering, 1989, 15(9):1066 -1077.

[102]E. Ukkonen. Ukkonen E. On - line construction of suffix trees[J]. Algorithmica, 1995, 14(3):249 -260.

[103]戴正华. 面向体系结构的串匹配算法优化研究[D]. 北京:中国科学院计算技术研究所,2006.

[104]范洪博, 姚念民. 一种高速精确单模式串匹配算法[J]. 计算机研究与发展, 2009, 46(8):1341 -1348.

[105]刘燕兵, 刘萍, 谭建龙,等. 基于存储优化的多模式串匹配算法[J]. 计算机研究与发展, 2009, 46(10):1768 -1776.

[106]张伟,薛一波,周宗伟,等.一种面向大规模特征集的高效特征匹配算法[J]. 高技术通讯,2009,19(6):551 -557.

[107]孙钦东,黄新波,王倩. 面向中英文混合环境的多模式匹配算法[J]. 软件学报, 2008,19(3):674 -686.

[108]殷丽华,方滨兴,张宏莉. 快速的多模式匹配算法[J]. 哈尔滨工业大学学报,2007, 39(12):1925 -1929.

[109]魏景芝,辛阳,杨义先,等. 用于检测过滤的多模式匹配[j]. 北京邮电大学学报, 2007,30(6):69 -72.

[110]刘传汉,王永成,刘德荣,等. 基于混合策略的单模式匹配算法[J]. 上海交通大学

学报,2007,41(1):36 -41.

[111]杨东红,徐恪,崔勇.改进的 Wu - Manber 多模式串匹配算法[J].清华大学学报(自然科学版),2006,46(4):555 -558.

[112]宋明秋,张国权,邓贵仕.IDS 中新的快速多模式匹配算法及其设计[J].大连理工大学学报,2006,46(4):594 -601.

[113]贺龙涛,方滨兴,余翔湛.一种时间复杂度最优的精确串匹配算法[J].软件学报,2005,16(5):676 -683.

[114]罗大光,郝玉洁,刘乃琦.一种非常快速的字符串匹配算法[J].电子科技大学学报,2005,34(6):802 -805.

[115] Charras C, Lecroq TT. Handbook of Exact String Matching Algorithms [M]. DBLP, 2004.

[116] He Longtao, Fang Binxing, Yun Xiaochun, etal. SDFA - an uniform model of string matching algorithms[J]. High Tech Letters. 2004,10(2):34 -37.

[117] L. Salmela. Improved Algorithms for String Searching Problems[J]. Helsin - ki: Helsinki University,2009.

[118] Crochemore M, Ilie L, Seid - Hilmi E. The structure of factor oracles[J]. International Journal of Foundations of Computer Science. 2007,18(4):781 -797.

[119] Allauzen C, Crochemore M, Raffinot M. Factor Oracle: A New Structure for Pattern Matching[C]// Sofsem 99, Theory and Practice of Informatics, Conference on Current Trends in Theory and Practice of Informatics, Milovy, Czech Republic, November 27 - December 4, 1999, Proceedings. DBLP, 1999:295 -310.

[120] A. Blumer, J. Blumer, A. Ehrenfeucht, D. Haussler, etal. The smallest automation recognizing the subwords of a text [J]. Theoretical Computer Science, 1985, 40(1):31 -55.

[121] H. Ramesh, and V. Vinay. String matching in O(n + m) quantum time[J]. Journal of Discrete Algorithms, 2003, 1(1):103 - 110.

[122] C. E. leiserso, H. Prokop, K. H. Pandall. Using de Bruijn Sequences to Index a 1 in a Computer Word[J/OL]. MIT Laboratory for Computer Science, Cambridge, MA. 02139, USA, July -7,1998. http://superteck. csail. mit. edu/papers/debruiju. ps.

